"十四五"职业教育国家规划教材

航空职业教育"十三五"规划教材
无人机应用技术专业系列

无人机仿真技术

张 琪 主 编
梁 婷 王景焕 副主编

航空工业出版社
北 京

内 容 提 要

本书系统阐述了无人机系统仿真的基础理论和基本方法，主要内容包括无人机结构与飞行原理，多旋翼无人机系统的建模理论及方法，无人机气动模型仿真测试，无人机智能控制仿真，无人机飞控仿真测试及验证，仿真飞行及地面站航线规划。

本书可作为高等学校无人机相关专业的教学用书，也可作为社会从业人员的业务技能培训用书。

图书在版编目（CIP）数据

无人机仿真技术／张琪主编．--北京：航空工业出版社，2020.10（2024.8重印）

航空职业教育"十三五"规划教材．无人机应用技术专业系列

ISBN 978-7-5165-2391-9

Ⅰ.①无… Ⅱ.①张… Ⅲ.①无人驾驶飞机-飞机系列-系统仿真-职业教育-教材 Ⅳ.①V279

中国版本图书馆 CIP 数据核字（2020）第 201937 号

无人机仿真技术

Wurenji Fangzhen Jishu

航空工业出版社出版发行

（北京市朝阳区京顺路 5 号曙光大厦 C 座四层　100028）

发行部电话：010-85672675　010-85672678

北京富泰印刷有限责任公司印刷	全国各地新华书店经销
2020 年 10 月第 1 版	2024 年 8 月第 3 次印刷
开本：787×1092　1/16	字数：240 千字
印张：10.5	定价：42.00 元

航空职业教育"十三五"规划教材评审委员会

单 位	姓 名	职 务
全国航空工业职业教育教学指导委员会	刘井宏	主任委员
全国航空工业职业教育教学指导委员会	蔡二雨	副主任委员
全国航空工业职业教育教学指导委员会	司苦鹏	副主任委员
全国航空工业职业教育教学指导委员会	刘 柱	副主任委员
全国航空工业职业教育教学指导委员会	赵居礼	副主任委员
全国航空工业职业教育教学指导委员会	刘建超	副主任委员
全国航空工业职业教育教学指导委员会	浦黄忠	副主任委员
全国航空工业职业教育教学指导委员会	关云飞	副主任委员
浙江省机电技师学院	曹小其	委员
河南省工业科技学校	柴新军	委员
唐山劳动技师学院	程 月	委员
德州科技职业技术学院	冯 莹	委员
湖南信息职业技术学院	高 鸿	委员
江西航空职业技术学院	顾素云	委员
陕西航空职业技术学院	冉 文	委员
淄博建筑工程学校	任曰金	委员
江苏工程职业技术学院	孙 兵	委员
江苏农业职业技术学院	孙翠华	委员
吉林化工学院	王立国	委员
河南机电职业学院	王庆海	委员
湖北交通职业技术学院	王孝斌	委员
河北机电职业技术学院	王振京	委员
山东理工职业学院	许 可	委员
三亚航空旅游职业学院	杨涵涛	委员
哈尔滨职业技术学院	雍丽英	委员
西安航空职业技术学院	张敏华	委员
黑龙江生态工程职业学院	张耀华	委员
北京市昌平职业学校	郑艳秋	委员
山西机电职业技术学院	周晓旭	委员
张家界航空工业职业技术学院	周仲春	委员
长沙航空职业技术学院	朱国军	委员

航空职业教育"十三五"规划教材
无人机应用技术专业系列编写委员会

单 位	姓 名	职 务
江苏航空职业技术学院	浦黄忠	主任委员
湖北交通职业技术学院	王孝斌	副主任委员
西安航空职业技术学院	杨雷恒	副主任委员
长沙航空职业技术学院	于坤林	副主任委员
中航出版传媒有限责任公司	韩莎莎	副主任委员
河南省洛阳经济学校	柴子清	委员
南京芯传汇电子科技有限公司	陈建华	委员
东莞市电子科技学校	陈永杰	委员
广州民航职业技术学院	陈裕芹	委员
苏州农业职业技术学院	樊卫国	委员
河北机电职业技术学院	樊新乾	委员
呼和浩特市第二职业中专学校	方 杰	委员
北京市昌平职业学校	方荣卫	委员
山东理工职业学院	侯圣勇	委员
南京工业职业技术学院	黄 杰	委员
江苏工程职业技术学院	黄睿杰	委员
唐山劳动技师学院	李 鑫	委员
深圳市博伦职业技术学校	李 圳	委员
江苏省苏州工业园区工业技术学校	李正伟	委员
路桥职业技术学校	梁魏杰	委员
昌乐县高级技工学校	刘 凯	委员
湖南信息职业技术学院	刘 锰	委员
长沙航空职业技术学院	刘肩山	委员
哈尔滨职业技术学院	刘万村	委员
河南省工业科技学校	刘小翠	委员
广东理工职业学院	刘永福	委员

京东 X 事业部	刘忠华	委员
先临三维科技股份有限公司	马一东	委员
河南机电职业学院	彭　浩	委员
北京中科浩电科技有限公司	秦雪良	委员
黑龙江生态工程职业学院	曲冬日	委员
沧州工贸学校	尚　玥	委员
北京韦加无人机科技股份有限公司	宋建堂	委员
阜阳技师学院	陶　伟	委员
胶州市职业教育中心学校	田洪刚	委员
郑州交通技师学院	王　辉	委员
浙江省机电技师学院	王　琪	委员
南通职业大学	王道榆	委员
黑龙江生物科技职业学院	王洪兴	委员
郑州财经技师学院	王秀红	委员
江西航空职业技术学院	王志勇	委员
深圳金石通用航空有限公司	韦加亮	委员
重庆航天职业技术学院	吴道明	委员
中国民航飞行学院	吴俊杰	委员
三亚航空旅游职业学院	吴　勇	委员
德州科技职业学院	邢伟伟	委员
潍坊职业学院	徐广振	委员
天津安卡尔精密机械科技有限公司	许石英	委员
成都航空职业技术学院	严向峰	委员
淄博建筑工程学校	张　朋	委员
郑州市经济贸易学校	张欣悦	委员
天津中德应用技术大学	赵昌丽	委员
黑龙江农垦科技职业学院	赵超阳	委员
广州市机电技师学院	钟伟雄	委员
尼尔瓦修（北京）科技有限公司	周倩倩	委员
山西机电职业技术学院	周　婷	委员

委员会办公室

主　任：李志伟
副主任：唐寅兴
成　员：姚宗杰　杨春玲　郑旭迎　高　洁　王　钊

前　言

随着无人机技术的发展及规模化生产，无人机的应用范围日益广阔，对无人机专业人才的培养成为推动无人机产业持续发展的重要环节之一。本书可以作为高等院校无人机相关专业人才培养所需仿真技术方面的专业教材。在全书编撰过程中，编者力求能够在本专业知识领域深入浅出，内容覆盖全面，使读者按照全书编写顺序完成学习后，能掌握无人机系统基本结构及飞行原理，对多旋翼无人机进行三维建模，使用仿真系统进行飞行器参数配置，建立气动模型和三维场景模型，利用飞控仿真系统模块实现全方位模拟飞行，提升飞行器操控技能，能够为以后从事无人机相关职业奠定一定的理论和实践基础。

本书集基础性、前沿性、实用性为一体，在编写中吸收了国内外同类仿真软件的优点，将建立的多旋翼三维模型导入仿真系统，进行飞行器参数配置，实现无人机系统设计完整模型与仿真验证。

全书共分为6章。第1章介绍无人机结构与飞行原理，着重介绍固定翼无人机、多旋翼无人机和无人直升机三类无人机的结构与飞行原理。第2章讲解多旋翼无人机的总体参数设计及飞行平台的设计，并以4旋翼无人机为例进行三维建模。第3章首先介绍无人机飞控系统的发展及基本任务，接着剖析飞控软件功能模块，重点介绍仿真中无人机姿态控制的PID控制原理及其方法。第4章对4旋翼无人机气动模型仿真系统进行详细的讲解，通过学习掌握捆绑在一起的两个软件Plane Maker与X-Plane，可以让用户设计自己的飞机，甚至几乎可以建造任何可以想象的飞机。第5章主要是遥控器调试及仿真飞行操作。第6章介绍地面站航线规划。

本书在编写过程中参阅了大量的相关文献资料，在此向其作者表示衷心的感谢！

限于编者理论水平和实践经验，错误与不妥之处在所难免，恳请各位专家、读者批评指正。

编　者
2020年7月

目录

第1章　无人机结构与飞行原理 ························· 1
　1.1　固定翼无人机结构与飞行原理 ························· 1
　　1.1.1　固定翼无人机主要组成部分 ························· 1
　　1.1.2　翼型 ························· 6
　　1.1.3　固定翼无人机飞行原理 ························· 10
　1.2　多旋翼无人机结构及飞行原理 ························· 14
　　1.2.1　多旋翼无人机结构 ························· 14
　　1.2.2　遥控器的使用 ························· 22
　　1.2.3　4旋翼飞行器结构和飞行原理 ························· 24
　　1.2.4　旋翼飞行器的调试 ························· 30
　　1.2.5　基本操作要求和日常维护 ························· 31
　1.3　无人直升机结构及飞行原理 ························· 32
　　1.3.1　无人直升机的结构 ························· 33
　　1.3.2　无人直升机的飞行原理 ························· 35
　　1.3.3　旋翼机的飞行原理 ························· 37
　思政小课堂 ························· 38
　课后练习 ························· 39

第2章　多旋翼无人机设计 ························· 42
　2.1　总体参数设计 ························· 42
　　2.1.1　多旋翼各部分重量 ························· 42
　　2.1.2　整机功重比 ························· 43
　　2.1.3　锂聚合物电池能量密度 ························· 43
　　2.1.4　载重、航时、总重相互关系计算 ························· 44
　2.2　飞行平台的设计 ························· 45
　　2.2.1　平台气动布局选择（动力分摊） ························· 45
　　2.2.2　动力组选型 ························· 45
　　2.2.3　平台重要尺寸的确定 ························· 46
　2.3　4旋翼无人机三维建模 ························· 46

2.3.1　SolidWorks 建立简易多旋翼无人机模型 ……………………………… 47
　　2.3.2　SolidWorks 建模方式 …………………………………………………… 47
思政小课堂 ……………………………………………………………………………… 49
课后练习 ………………………………………………………………………………… 52

第3章　无人机飞控系统 …………………………………………………………… 54

3.1　飞行控制系统 …………………………………………………………………… 54
　　3.1.1　飞行控制系统的发展 …………………………………………………… 54
　　3.1.2　飞行控制系统的基本任务 ……………………………………………… 56
3.2　飞行控制软件功能模块 ………………………………………………………… 57
　　3.2.1　遥控遥测模块 …………………………………………………………… 58
　　3.2.2　导航模块 ………………………………………………………………… 58
　　3.2.3　调度管理模块 …………………………………………………………… 59
3.3　姿态解算 ………………………………………………………………………… 59
　　3.3.1　姿态表示方式 …………………………………………………………… 59
　　3.3.2　四元数 …………………………………………………………………… 60
　　3.3.3　欧拉角 …………………………………………………………………… 60
　　3.3.4　姿态解算 ………………………………………………………………… 60
　　3.3.5　角位置关系测量 ………………………………………………………… 61
　　3.3.6　惯性测量模块 …………………………………………………………… 61
　　3.3.7　四元数和欧拉角在姿态解算中如何使用 ……………………………… 62
　　3.3.8　关于 X-Plane 模拟 ……………………………………………………… 62
3.4　无人机姿态控制 ………………………………………………………………… 62
　　3.2.1　PID 控制原理和特点 …………………………………………………… 62
　　3.2.2　PID 控制方法 …………………………………………………………… 63
　　3.2.3　4 旋翼中的 PID ………………………………………………………… 67
课后练习 ………………………………………………………………………………… 71

第4章　4 旋翼无人机气动模型仿真系统 ……………………………………… 74

4.1　X-Plane 飞行模拟软件介绍 …………………………………………………… 74
　　4.1.1　安装和设置 ……………………………………………………………… 74
　　4.1.2　启动界面 ………………………………………………………………… 74
　　4.1.3　飞行感受 ………………………………………………………………… 75
　　4.1.4　画面 ……………………………………………………………………… 76
　　4.1.5　特殊仿真 ………………………………………………………………… 76
4.2　Plane Maker 基本功能介绍 …………………………………………………… 78
　　4.2.1　Plane Maker 简介 ……………………………………………………… 78
　　4.2.2　平面制作器界面 ………………………………………………………… 79
4.3　无人机气动模型仿真系统 ……………………………………………………… 84

4.3.1　飞行器参数配置，建立气动模型　84
　　4.3.2　创建飞机的机身、机翼和机尾　85
　　4.3.3　设置系统和内部属性　106
4.4　仿真效果输出报告　117
课后练习　118

第5章　遥控器调试及仿真飞行操作　120
5.1　仿真系统的具体实施过程　120
5.2　仿真系统使用说明　123
　　5.2.1　虚拟仿真套件组成　123
　　5.2.2　遥控器组成　123
　　5.2.3　飞行模式　124
　　5.2.4　遥控器使用及配对　124
5.3　虚拟仿真试验操作及仿真效果　127
思政小课堂　129
课后练习　129

第6章　地面站航线规划　132
6.1　无人机地面站系统功能简介　132
　　6.1.1　地面控制站的组成　132
　　6.1.2　地面控制站功能　135
　　6.1.3　地面控制站分类　138
　　6.1.4　地面站相关理论知识　139
6.2　植保作业仿真　142
课后练习　150

参考文献　152

第1章 无人机结构与飞行原理

无人机系统主要由无人机飞行平台、地面控制站、任务设备等组成。无人机飞行平台主要由结构系统、动力系统、电气系统、控制系统等分系统组成,是利用空气相对运动产生的空气动力升空飞行的航空器。

无人机飞行平台有无人固定翼、无人多旋翼飞行器、无人直升机等类型。

1.1 固定翼无人机结构与飞行原理

1.1.1 固定翼无人机主要组成部分

固定翼无人机是无人机的一种,它是由动力装置产生前进的推力或拉力,由机体上固定的机翼产生升力,在大气层内飞行的航空器。小型固定翼飞机的结构系统主要包括机身、机翼、尾翼、起降装置。常见的固定翼平台如图1-1所示。

1.1.1.1 机身

机身的主要功用是装载飞行控制系统、电力系统、通信系统、燃料系统及任务系统等机载设备。机身将机翼、尾翼、发动机及起降装置连在一起,形成完整的飞行平台。

1.1.1.2 机翼

机翼(见图1-2)是无人机产生升力的主要部件。无人机的性能往往决定于机翼的设计是否科学合理。良好的机翼能够获得较大的升力而将阻力降至最小可能值,并有足够的强度和刚性,确保飞机在使用最大设计载荷时不容易变形。好的翼型能够在同样的迎角下有较大的升力系数和较小的阻力系数,这两种系数的比值(称为升阻比)可达到18以上。机翼在飞机的稳定性和操纵性中扮演重要角色,机翼上安装的可操纵翼面主要有副翼、襟翼。机翼还用于安装发动机、起落架及其轮舱、油箱。

(1)副翼。机翼后缘外侧的活动部分是副翼,左右机翼对称安装。副翼通过舵机控制,可上下偏转,两侧副翼的偏转方向相反,操纵飞机围绕纵轴进行横向活动。

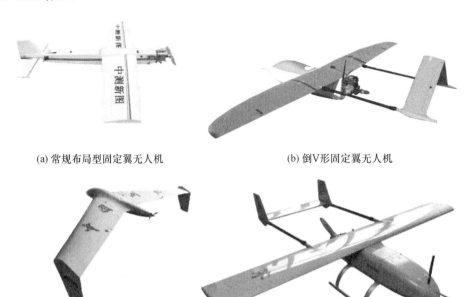

(a) 常规布局型固定翼无人机　　(b) 倒V形固定翼无人机

(c) 飞翼式固定翼无人机　　(d) 双垂尾型固定翼无人机

图 1-1　常见的固定翼平台

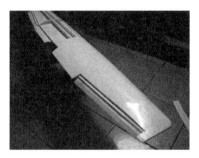

图 1-2　机翼

（2）襟翼。有的飞机在机翼后缘内侧装有襟翼，襟翼是一种增升装置，用于改善飞机的起降性能。襟翼有许多类型，在无人机上最常用的是分裂式襟翼（见图 1-3），即在机翼后部约 20% 处分裂开来，机翼的上表面没有动，下表面向下开裂，形成下图类型的襟翼。

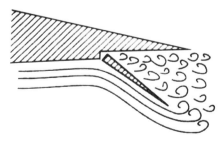

图 1-3　分裂式襟翼

分裂式襟翼能提高升力，升力系数最多可增加75%~85%，但同时也会产生很大的压差阻力，迅速降低飞行速度，这种简单襟翼一般用于低速飞行器。比较复杂的襟翼还有富勒襟翼、开缝襟翼等（见图1-4和图1-5），一般用于大型高端无人机。

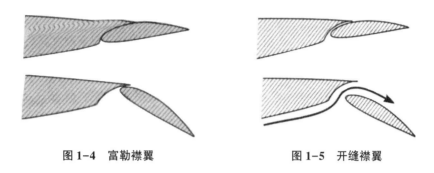

图1-4　富勒襟翼　　　　　　　　图1-5　开缝襟翼

（3）机翼在飞机上的安装位置。由机翼相对于机身的垂直位置，可以将机翼分为上单翼（高单翼、肩单翼）、中单翼和下单翼（低单翼），如图1-6所示。

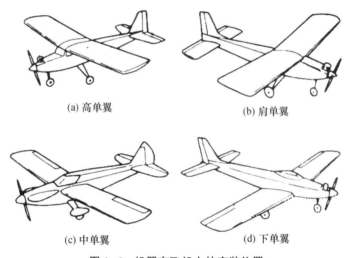

(a) 高单翼　　　　　　　　(b) 肩单翼

(c) 中单翼　　　　　　　　(d) 下单翼

图1-6　机翼在飞机上的安装位置

上单翼的好处是机身连接机翼的结构比有机翼穿过的机身连接结构要简单，通常采用贯通的机翼大梁，具有重量[①]轻、强度好、有效升力面积大的优势；上单翼飞机（见图1-7）的机身距离地面比其他布局更近，起落架连接在机身上时不需要很高的起落架，同时保证飞机的发动机和地面有足够的间隙；翼尖离地高，在飞机带坡度或有较大上仰的姿态着陆时，翼尖不易擦地。但是因为起落架连接在机身上，所以要综合考虑机身与起落架连接处的强度、翼身连接处的整流等因素。在载人飞机中，上单翼飞机的下视死角小，便于观察，因而对搜索功能具有特殊要求的小型飞机，多采用上单翼的气动布局。

中单翼布局的阻力最低，对于机动性要求较高的飞机多选择中单翼气动布局。中单翼最大的问题是机翼大梁结构贯穿机身，机身需要设计很强的加强区，且机身空间布局受到很大限制，如图1-8所示。

---

① 本书"重量"为"质量"（mass）概念，法定计量单位为千克（kg）、吨（t）等。

图 1-7　上单翼飞机　　　　　　　　　图 1-8　中单翼飞机

下单翼设计的主要优点是起落架支柱不需要太高，容易设计成可收放的起降装置。但是因为发动机的安装位置总体上偏低，对起降场地要求较高，如图 1-9 所示。

图 1-9　下单翼飞机

1.1.1.3　尾翼

尾翼的主要功用是控制飞机的俯仰和方向平衡，操纵飞机围绕横轴和竖轴进行俯仰和方向变化活动，如图 1-10 所示。

尾翼分为水平尾翼和垂直尾翼。水平尾翼的固定部分为水平安定面，可上下活动的部分为升降舵，飞行中通过升降舵的上下偏转，操纵飞机围绕横轴进行俯仰运动。垂直尾翼的固定部分为垂直安定面，可左右活动的部分为方向舵，飞行中通过方向舵的左右偏转，操纵飞机围绕竖轴进行方向运动。

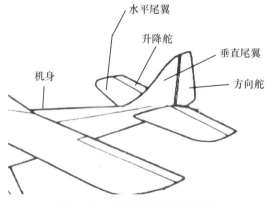

图 1-10　常规气动布局的尾翼

不少无人机的尾翼采用非常规气动布局，如 V 形尾翼、倒 V 形尾翼、双垂尾等，目的都是为了减轻飞机重量，提高飞机的气动性能。

1.1.1.4 起降装置

起降装置的主要功用是支持飞行器在地面停放，并用于飞行器的起飞和降落。小型无人机最常用的起降装置是起落架，起落架根据安装方式的不同可分为前三点式、后三点式和滑橇式，如图 1-11~图 1-13 所示。

图 1-11　前三点式无人机

图 1-12　后三点式无人机

图 1-13　滑橇式无人机

前三点式飞机的主轮在飞行器的重心后面，前轮在重心的前面；后三点式飞行器的主轮在其重心的前面，尾轮在飞行器的尾部。前三点式飞行器的前轮和后三点式飞行器的尾轮是可控的，可以通过控制轮子的方向变化来控制飞机在地面的滑跑方向。

滑橇式起落架一般用于轻型直升机，结构简单可靠，维护简单。但缺点是移动飞机不方便，需要单独加装移动用的轮子。除起落架以外，其他起降方式还有弹射式、伞降式等，如图 1-14 和图 1-15 所示。

图 1-14　弹射起飞无人机

图 1-15　无人机伞降

固定翼无人机部位图如图 1-16 所示。

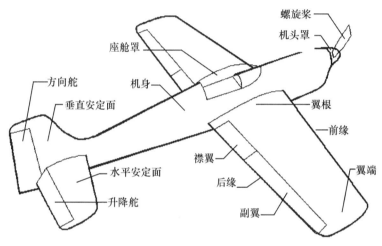

图 1-16　固定翼无人机部位图

1.1.2　翼型

1.1.2.1　翼型

翼型是机翼的切面形状。翼型是由中弧线（或弯度线）和基本翼型厚度叠加而成的。

中弧线——与翼型上表面和下表面等距离的曲线称为中弧线。

前缘、后缘——机翼上表面和下表面的外形线在前端的交点称为前缘，后端的交点称为后缘。

前缘半径——翼型前缘曲率圆的半径称为前缘半径。

后缘角——翼型后缘上下两弧线切线的夹角称为后缘角。

弦线——前缘和后缘端点的连线称为弦线，这是测量迎角的基准线。

弦长——弦线被前缘、后缘所截的长度称为弦长。

弯度——中弧线和弦线的间隔称为弯度，其最大值的位置称为最大弯度位置。最大弯度位置与弦长之比，为最大弯度的相对位置。

厚度——翼截面于中弧线垂直的方向测量的上表面和下表面的距离称为翼型厚度，其最大值称为最大厚度。翼型厚度沿弦线的变化称为厚度分布。翼型的最大厚度与弦长的比值称为相对厚度。比如，厚度10%的翼型，表示最大厚度和弦长的比是10%。

机翼的截面形状和机翼截面的几何参数分别见图1-17和图1-18。

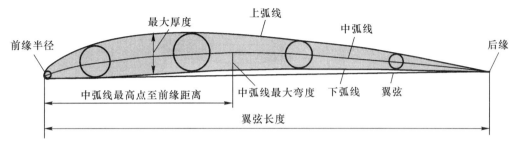

图1-17 机翼的截面形状

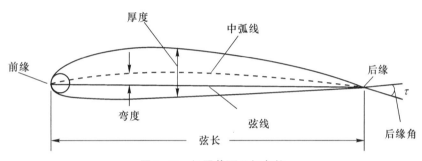

图1-18 机翼截面几何参数

1.1.2.2 机翼的平面形状

（1）机翼的俯视投影形状。无人机机翼的平面形状种类不多，主要有矩形、梯形、矩形+梯形、矩形+椭圆形、矩形+圆弧翼尖、椭圆形等。从空气动力学的观点看，椭圆形的机翼诱导阻力最小，但是制作难度较大。大多数无人机的机翼都采用矩形或梯形的平面形状，从理论上讲梯形机翼的诱导阻力较接近理想的椭圆机翼，而且翼肋大小变化有规律，制作起来虽不及长方形的方便，但也不十分麻烦。

图1-19是几种常见机翼的平面形状。

（2）机翼的展弦比。第一个研究展弦比的是莱特兄弟，他们用自己建立的风洞进行了这方面的研究，发现在升力一定的前提下，一个瘦而长（展弦比大）的机翼比一个短而宽（展弦比小）的机翼阻力要小。

改变展弦比的另外一个效果是失速迎角的变化，小展弦比的机翼要比大展弦比的机翼失速迎角大，也就是更不容易失速。

展弦比=翼展/平均几何弦，平均几何弦=翼面积/翼展

（3）机翼的尖根比。机翼的尖根比是翼尖弦长与机翼翼根处弦长之比。大部分低速飞机机翼的尖根比一般在0.4~0.5。

从工程角度看，飞机机翼采用尖根比，而且尖根比小于1很自然，由于机翼的三维效应，翼尖处的气动效率没有根区那么大，在一定的来流条件下，翼尖部机翼产生的升力没

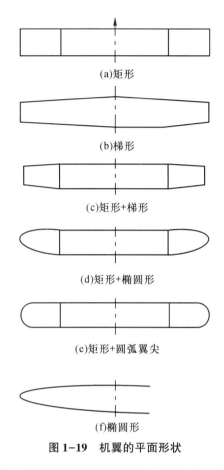

图 1-19 机翼的平面形状

有后者大,阻力却比后者大。所以采用平直矩形翼,翼尖处的结构效率就比根区要低。

(4) 机翼的后掠角。机翼的后掠角主要用于减缓跨声速和超声速流的不利影响,虽然在低速无人机中,用后掠机翼的比较少,但是在实际应用中,大多数梯形机翼的飞机都带有一定的后掠角。从理论上讲,机翼的后掠可以改善飞机的稳定性,大概 10° 的后掠角相当于 1° 的上反角。实际中,后掠的机翼很少再上反或者下反,以避免过度的稳定。

(5) 机翼的平均气动弦长。机翼弦长是机翼流向的长度,也就是连接前缘和后缘的长度。因为除了矩形翼之外的机翼弦长是沿展向变化的,所以有平均几何弦长和平均气动弦长的区别。

平均几何弦长是由机翼平面形状的几何要素决定,完全没有考虑气动的要素。平均气动弦长是确定机翼气动中心位置和计算纵向力矩系数常用的一种基准翼弦。它是把给定机翼的展向各截面的气动力矩特性加以平均而计算出来的等面积矩形机翼的弦长。该矩形翼各截面的力矩特性不变,矩形翼的力矩特性与给定机翼力矩特性相同。平均气动弦长除计算俯仰力矩时作为基准长度外,在标示重心位置、压力中心、气动中心时,将其投影在机翼对称面的平均气动弦从前缘开始百分之几的位置上。

(6) 上反角。上反角是指机翼基准面和飞机机翼对称面之间的夹角,或者从正面看,机翼与水平面的夹角,如图 1-20 所示。

上反角的作用是使得飞机偏航时有滚转的趋势,滚转力矩是由上反引起的侧滑引起

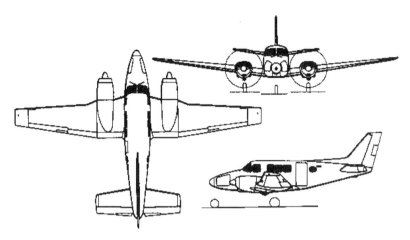

图 1-20 机翼的上反角

的，下沉侧机翼的有效迎角增大，由此引发的滚转力矩大致和上反角成正比。

上反角并不是越大越好，过大的上反角可能引起飞机含有偏航和滚转的重复侧向运动。目前还没有一种能综合考虑以上效应来确定机翼上反角的有效方法，在实际应用中通常通过经验数据估计。一般来讲，低速无人机如采用平直机翼，下单翼的上反角为5°左右，上单翼的上反角为0°~2°。

（7）机翼扭转角。机翼的扭转是为了防止翼尖失速，改善其升力分布，使之接近椭圆分布的理想状态。一般扭转角为0°~5°。

（8）机翼的安装角。机翼的安装角是机翼相对于机身的夹角，如果机翼无扭转，安装角就是机身轴线与机翼弦线的夹角，如果机翼有扭转，一般定义为机身轴线与翼根处翼型弦线的夹角。安装角的选取原则是使得飞行器在某种设计状态下处于最有利的升阻比状态，一般为巡航状态。小型低速无人机的机翼安装角一般为2°~6°。飞行器的扭转角、安装角如图1-21所示。

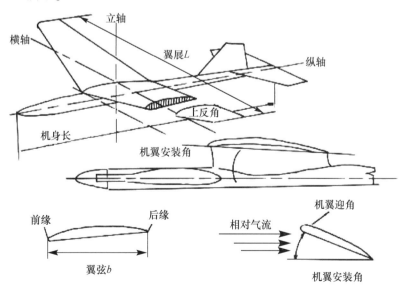

图 1-21 飞机的扭转角、安装角

1.1.3 固定翼无人机飞行原理

1.1.3.1 空气动力

（1）气流特性。物体在空气中运动，或者空气在物体表面流过，空气都会对物体产生作用力，这种作用力称为空气动力。无人机就是依靠空气动力飞行的。研究无人机升力和阻力的产生及变化等基本空气动力，必须先研究空气流动的特性，即空气流动的基本规律。

（2）气流、相对气流和流线谱。只要空气与物体之间有相对运动，也就是只要有空气对于物体存在相对流动，就会产生空气动力。

空气的流动一般是不可见的，但可以通过烟风洞或水洞模拟飞机周围气流流动的情况，使气流的流动变得可见。空气微团流动的路线就是流线，由许多流线组成的流动图形称为流线谱（见图1-22和图1-23）。既然空气是沿着流线流动的，那么空气不会从流线一边跑到另外一边去。空气在两根流线间流动，就好像是在一根管子中流动一样。我们把流线组成的管子叫作流管。两条流线间的距离缩小，就说明流管收缩或变细了。两条流线间的距离扩大，就说流管扩张或变粗了。

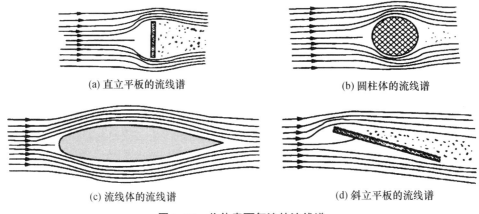

图1-22 物体表面气流的流线谱

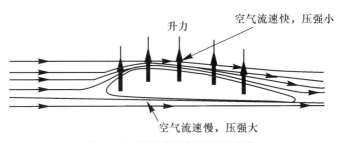

图1-23 机翼表面气流的流线谱

比较上面几种流线谱，可以看出：①物体的形状不同，空气流过物体的流线谱就不同。②即使物体的形状相同，只要空气流向物体的相对关系位置不同，流线谱就不同。③

凡是空气流向物体受到阻挡时，流管就要扩张变粗，凡是空气流过物体外凸地方时，流管就要收缩变细。④空气流过物体时，在物体的后部都要形成一定的涡流区。

（3）连续性定理。所谓流体的连续性定理是，当流体连续不断而稳定地流过一个粗细不等的管子时，由于管中任何一部分的流体都不能中断或挤压出来，因此在同一时间内，流进任意切面的流体质量和从另一切面流出的流体质量应该相等。

如图1-24所示，设空气流过切面Ⅰ的速度为V_1，切面积为A_1，空气密度为ρ_1；空气流过切面Ⅱ的速度为V_2，切面积为A_2，空气密度为ρ_2。按连续性定理，在单位时间内，空气流过任意切面的质量应该相等，即

$$\rho_1 V_1 A_1 = \rho_2 V_2 A_2 \tag{1-1}$$

式中：ρ——空气密度，$kg \cdot s^2/m^4$；
$\qquad$ A——所取切面的面积，m^2。

上述公式就是连续性定理的数学表达式，或叫作连续性方程。若空气密度ρ是个常数，则公式中的ρ可消去，于是得

$$V_1 A_1 = V_2 A_2 \tag{1-2}$$

从公式可以看出，空气稳定在一个管道中流动时，在管道粗的地方必然流得慢，在管道细的地方必然流得快，也就是说，空气流速的快慢与管道的切面积成反比。这就是空气在低速流动中的流速与管道切面之间的关系。

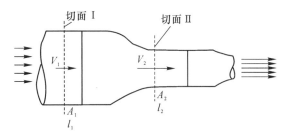

图1-24 流体的连续性原理

（4）伯努利定律。在稳定的气流中，在同一流管的各切面上，空气的静压和动压之和保持不变。这个不变的数值，就是全压。由此可见，动压大，则静压小；动压小，则静压大。即流速大，压力小；流速小，压力大。其表达式为

$$\frac{1}{2}\rho V_1^2 + P_1 = \frac{1}{2}\rho V_2^2 + P_2 = 常量 \tag{1-3}$$

或

$$\frac{1}{2}\rho V^2 + P_1 = P_0 \tag{1-4}$$

严格来说，伯努利定理在下述条件下才是适用的。
①气流是连续、稳定的。
②流动中的空气与外界没有能量的交换。
③空气没有黏性，即不考虑气流中的摩擦。
④空气是不可压缩的，即密度是不变的。

1.1.3.2 升力及升力系数曲线

(1) 升力的产生。飞机要在空气中飞行，必须要有升力。固定翼飞机的升力主要产生于机翼，就是利用飞机运动时，机翼上下压力差不同产生升力的。机翼上下表面的压力差越大，产生的升力也就越大。

机翼的形状通常都制作成如图 1-25 所示的形状。这样一来，气流流过上表面时速度比较大，流过下表面时速度比较小。我们知道，根据伯努利定律，气流流速增大压强则减小，所以机翼上表面产生负压力，下表面产生正压力，于是机翼便产生升力。

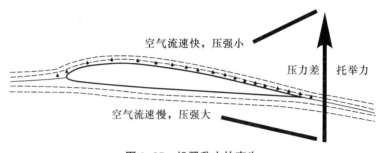

图 1-25 机翼升力的产生

(2) 升力公式。实际上，对机翼升力的产生，解释起来是比较复杂的，利用伯努利定律来解释机翼为什么会产生升力是一种相对简单的通俗描述，可是当需要对一些特殊飞行现象进行解释，或对升力进行具体计算时，伯努利定律就很难用上了。

根据风洞和其他方法试验结果表明，机翼产生升力的大小可用如下公式进行计算

$$L = \frac{1}{2}\rho V^2 S C_L \tag{1-5}$$

式中：L——升力，N；

ρ——空气密度，在海平面及标准大气条件下可用 1.226 kg/m³；

V——飞机与气流的相对速度，m/s；

S——机翼面积，m²；

C_L——机翼升力系数。

(3) 升力系数曲线。在实际计算中，空气密度、飞行速度、机翼面积都是恒定的或可计算出来的，而机翼的升力系数只能通过试验（如用风洞）方法测量获得。机翼产生的升力大小，除了与空气密度、飞行速度和机翼面积有关外，还与机翼的截面形状（即翼型）、气流与机翼所成的角度（即迎角）等有关。机翼的翼型有上千种，气流与机翼所成的角度（迎角）也可以有许多变化（一般是-6°~18°），如果把这些因素都列入式中则非常麻烦，所以通常是用一个数字（即升力系数）来代替。不同的机翼、不同的翼型在不同的迎角下便有不同的升力系数。科学家们花费很多功夫把各种各样的翼型放在风洞中试验，分别求出不同迎角时的升力系数，最后把这些数据进行整理，每个翼型的资料都画成曲线（如升力系数曲线等）以便查阅。当决定机翼采用某种翼型后，要想算出在一定迎角下产生多大升力，就要把有关这种翼型的资料或曲线找出来，查出在某一迎角下可产生的升力系数，然后代入升力公式，就可以计算出升力了。

由图 1-26 可以看到，曲线的横坐标代表迎角（α），纵坐标代表升力系数（C_L）。根据一定的迎角便可以查出相应的升力系数。

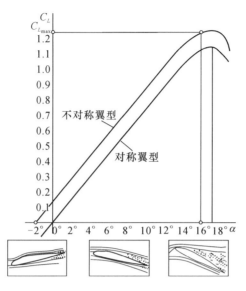

图 1-26　升力系数曲线

（4）迎角。迎角是相对气流速度（V）与弦线所成的角度，如图 1-27 所示。

一般的翼型在迎角等于 0°时仍然产生一定的升力，因此升力系数在零迎角时不是零，而要到负迎角时才使升力系数为零，这时的迎角称为零升力迎角。从这个迎角开始，迎角与升力系数成正比，升力系数曲线成为一根向上斜的直线。当迎角加大到一定程度以后升力系数开始下降。这个使升力系数达到最大值的迎角称为临界迎角 α。超过临界迎角，升力突然减小，飞机可能下坠或自动倾斜，这种情况称为失速。小型无人机的失速现象比较普遍，下面还要进行专门讨论。机翼能达到的最大升力系数用符号 C_{Lmax} 表示。

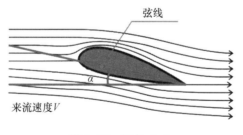

图 1-27　迎角（α）

为什么一般翼型在迎角为 0°时仍然会产生升力呢？因为这些翼型的上表面弯曲，下表面比较平直，气流即使在 0°迎角吹过来时也会使上表面的气流流得快，下表面的气流流得慢，结果还是产生升力。只有气流从斜上方吹来，迎角是负的，升力才等于 0。如果翼型是上下对称的那就完全不同了。这种翼型在 0°迎角时不产生升力，升力系数为 0。这时候机翼上下表面的流速一样，只有在正迎角时才会产生升力。

1.2　多旋翼无人机结构及飞行原理

多旋翼无人飞行器（见图 1-28）是一种以多个旋翼为动力装置，能够垂直起降的飞行器。多旋翼飞行器通常装有四具以上旋翼作为动力装置，利用空气动力克服自身重量，可自主或遥控飞行，能携带各种任务设备，并可多次回收使用。

图 1-28　多旋翼飞行器

多旋翼无人飞行器是一种"碟形"飞行器，它以新颖的结构布局、独特的飞行方式引起了人们广泛的关注，迅速成为国际上新的研究热点。目前民用多旋翼飞行器主要分为消费和商用两大类，消费类在数量上占有绝大多数，但工业级的商用类多旋翼无人飞行器发展迅猛，可以预见，在不久的将来，多旋翼无人飞行器将成为通用航空领域的主力机型，在很大程度上替代载人直升机。

多旋翼无人飞行器具有固定翼无人飞行器难以比拟的优点：能够适应各种复杂环境；具备垂直起降能力，并能自主起飞和着陆，对起降场地条件的要求极低；高度智能化，使飞机操纵变得极为简单，甚至不需要经过专业培训就可以操控消费类多旋翼无人飞行器；飞行动作灵活，能以悬停、前飞、侧飞、倒飞等各种姿态飞行；制作容易，成本低廉，模块化结构使非专业人员也能动手制作无人机；携带方便，机动性、隐蔽性强。这些优点决定了多旋翼无人飞行器比固定翼无人飞行器具有更广阔的应用前景，它不仅可以在室外飞行，也适合在狭小的室内空间中使用，特别是在人员难以接近或很难到达的工作环境中，在危险的工作环境中，在即使是熟练的载人机飞行员也不能胜任的飞行条件下，可以进行广泛的应用。

无人机的高速发展，开辟了人类航空史的新时代。多旋翼无人飞行器是无人机系列中的一朵奇葩。4 旋翼是多旋翼无人飞行器中最基本的机型，本文主要以 4 旋翼无人飞行器为例，介绍旋翼无人飞行器的有关知识和使用方法。

1.2.1　多旋翼无人机结构

多旋翼无人飞行器平台分系统包括机体结构、飞控系统、动力系统等结构。旋翼是气动部件，所以多旋翼飞行器可以以旋翼的排列形式来进行气动布局分类，而不像固定翼那样是以配平的方式。从旋翼数量上有 3 旋翼、4 旋翼、6 旋翼、8 旋翼、12 旋翼等，从结构和分布位置上有十字形、井字形、Y 形、X 形和 H 形等。下面以 4 旋翼无人机为例介绍多旋翼的结构。

1.2.1.1 机体结构

机体结构是其他机载设备、模块的载体。除了机架之外，还包括支臂、脚架、云台。

（1）机架。机架是 4 旋翼无人飞行器的主体结构，是承载所有设备的基础平台。机架的主要功用：提供安装接口，包括电机、机舱、起落架、外挂设备等的安装和固定孔口；提供稳定坚固的平台，使飞行器在受力作用下保持稳定并避免损伤，并在满足强度要求的前提下，尽可能地减轻重量，为提升飞机性能和增加其他设备提供更大的余量；提供相应的保护装置。

4 旋翼飞行器的飞行控制平台（机架）可以分为十字模式和 X 模式。十字模式的机舱通常是圆形的，而 X 模式的机舱采用梭形或其他长条形的比较多，相对来讲，X 模式的比十字模式舱内设备布局更容易些，并且飞行速度和灵活性也有一定优势。但是，对于姿态测量和控制的算法编程来说，十字模式较 X 模式简单，更容易实现。X 模式通过同时控制两对旋翼转速的大小来实现飞行控制及姿态的调整，而十字模式只要同时控制一对旋翼的转速就能实现相应的飞行动作。十字模式最大的优势是结构简单、容易操作、飞行平稳。因此，综合考虑 4 旋翼飞行器平台需要的零部件、机械结构、制作难度、飞控设计及性价比等因素，目前 4 旋翼飞行器大多采用十字模式的机架结构。

机架虽然不是 4 旋翼飞行器的核心部件，但机架的质量对飞机的整体质量具有至关重要的意义。品质优良的机架不仅重量轻，强度好，可靠性高，使用寿命长，而且具有较好的稳定性基础，有效载重和飞行时间都会优于一般的机架。按材质分，大体有以下几类：一是塑胶机架，刚度和强度较差，但制作容易，价格低廉，适用于消费类无人机。二是玻璃纤维机架，强度优于塑胶机架，耐腐性较好，刚性一般，受力较重时易变形。三是碳纤维机架，重量轻，刚度和强度好，经久耐用，但材料和制作成本较高，目前工业级无人机多使用碳纤维机架。四是金属机架，除极个别特殊用途机型，一般很少使用金属机架。

机架选择时，应当考虑到以下因素：机架的强度和刚度必须满足要求，并有一定裕度；安装简易，定位准确，紧固件切实可靠；便于合理布线；在保证强度和刚度的前提下，重量尽可能轻。

（2）支臂。支臂是机架结构的延伸，用以扩充轴距，安装动力电机，有些多旋翼的脚架也安装在支臂上。

（3）脚架。脚架是用来支撑停放、起飞和着陆的部件，还兼具保护下方设备的功能。有些多旋翼的天线也安装在脚架上。多旋翼的脚架非常类似于直升机的滑橇式起落架。

（4）云台。航拍航摄类、测绘类、穿越类的多旋翼均会安装云台作为任务设备的承载结构。云台可以独立购买或加工，也可使用机架的加工工艺在制造其他结构时一起加工。消费类多旋翼摄像头、相机等任务设备与云台一般会高度集成为一体。

1.2.1.2 飞控系统

飞控系统是无人机的核心控制装置，相当于无人机的大脑，是否装有飞控系统也是无人机区别于普通航空模型的重要标志。在经历了早期的遥控飞行后,目前其导航控制方式已经发展为自主飞行和智能飞行,导航方式的改变对飞行控制计算机的精度提出了更高的要求。随着小型无人机执行任务复杂程度的增加,对飞控计算机运算速度的要求也更高,而小型化的要求对飞控计算机的功耗和体积也提出了很高的要求。高精度不仅要求计算机的控制精度高,而且要求能够运行复杂的控制算法,小型化则要求无人机的体积小、机动性好,进而要求控制计算机的体积越小越好。图 1-29 所示为零度智控飞控。

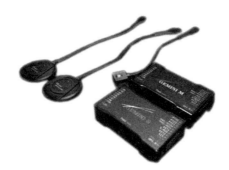

图 1-29 零度智控飞控

飞控系统实时采集各传感器测量的飞行状态数据,接收无线电测控终端传输的由地面测控站上行信道送来的控制命令及数据,经计算处理,输出控制指令给执行机构,实现对无人机各种飞行模态的控制和对任务设备的管理与控制,同时将无人机的状态数据及发动机、机载电源系统、任务设备的工作状态参数实时传送给机载无线电数据终端,经无线电下行信道发送回地面测控站。按照功能划分,飞控系统的硬件包括主控制模块、信号调理及接口模块、数据采集模块以及舵机驱动模块等。

各个功能模块组合在一起,构成飞行控制系统的核心,而主控制模块是飞控系统核心,它与信号调理模块及接口模块、数据采集模块和舵机驱动模块相组合,在只需要修改软件和简单改动外围电路的基础上可以满足一系列小型无人机的飞行控制和飞行管理功能要求,从而实现一次开发,多型号使用,降低系统开发成本的目的。飞控系统主要完成如下功能:

(1)完成多路模拟信号的高精度采集,包括陀螺信号、航向信号、舵偏角信号、发动机转速、动静压传感器信号、电源电压信号等。

(2)输出开关量信号、模拟信号和 PWM 脉冲信号等,能适应不同执行机构(如方向舵机、副翼舵机、升降舵机、气道和风门舵机等)的控制要求。

(3)利用多个通信信道,分别实现与机载数据终端、GPS 信号、数字量传感器以及相关任务设备的通信。

飞控系统的软件设计分为两部分,即逻辑电路芯片 EPLD 译码电路的程序设计和飞控系统的应用程序设计。软件按照功能划分为 4 个模块:时间管理模块、数据采集与处理模块、通信模块、控制律解算模块。

通过时间管理模块可在毫秒级时间内对无人机进行实时控制。

数据采集模块采集无人机的飞行状态、姿态参数以及飞行参数、飞行状态及飞行参数进行遥测编码并通过串行接口传送至机载数据终端,通过无线数据信道发送到地面控制站进行飞行监控；姿态参数通过软件内部接口送控制律解算模块进行解算，并将结果通过D/A通道送机载伺服系统，控制舵机运行，达到调整飞行器飞行姿态的目的。

通信模块完成飞控计算机与其他机载外设之间的数据交换功能。

控制律计算和数据处理由小型机载飞控计算机完成，主要作用是处理飞行参数。以舵机驱动为例，控制率解算模块将传感器采集的数据进行处理，得到舵机偏转角，调整PWM波占空比后输出到舵机执行机构，舵机的输出轴经偏转后保持在一定角度位置。

飞控是4旋翼飞行器的核心部件，飞控的性能直接决定了飞机的性能。

旋翼自主飞行器的算法复杂，且要求较高的处理速度，以便能及时处理飞行偏差，调节自身平衡，所以普通的单片机系列达不到要求，通常需使用功能强大、超低功耗、拓展功能强的16位处理器。4旋翼飞行器是由安装在十字形刚性结构的4个电机作为驱动的飞行器。飞控系统通过调节4个电机的转速使4个旋翼间出现特定的转速差，从而实现飞行器的各种动作。由于4旋翼自主飞行器是通过增大或减小4只旋翼的转速达到4个方向升力的变化进而控制飞行器的飞行姿态和位置的稳定，相对于传统的无人直升机少去了舵机调节平衡，控制方向，并且不用改变螺旋桨的桨距角，使得4旋翼自主飞行器更容易控制。但是4旋翼自主飞行器有6个状态输出，即是一种6自由度的飞行器，而它却只有4个输入，是一个欠驱动系统。也正是由于这个原因使得4旋翼自主飞行器非常适合在静态及准静态的条件下飞行。

目前市场上飞控的种类繁多，性能各异，有适合消费类飞机和初学者使用的入门级飞控，如KK飞控板、FF飞控板、MWC飞控板等，也有功能强、精度高、材质好的专业级飞控，如"玉兔"二代飞控板、APM飞控板、NAZA（哪吒）飞控板、Wookong-M飞控板、零度飞控板等。

值得注意的是，以往工业级无人机多数是机体和飞控系统独立存在的，是可以分别购置，用户可以按照自己的需要选择适合的机体再配置适合的飞控。而目前旋翼无人机越来越多地采用机体和飞控高度集成的一体化设计，飞控是固化在机体内的，就是说，选购什么样的机型，就确定了使用什么样的飞控系统。因此，在机型选配时，不仅要看机体是否适用，同时必须充分考虑到飞控系统是否适用。

作为商用或其他工业级的旋翼无人机，飞控的选择，除了价格因素，应当注意以下问题：一是操控性能需求，应具有完整的功能和扩展接口，感应灵敏度和控制精度高，确保飞行状态稳定。二是可靠性需求，技术成熟，可靠性高，已经过大批量使用实践，并证明无关键性设计缺陷。三是能通过地面站实现精确任务设计，并在任务实施过程中进行任务更改、调控和实时动态监控。四是特殊功能需求，对于特殊行业的用户，飞控系统必须能满足飞行任务的需要，并能实现特定的控制目的。

1.2.1.3　动力系统

电调、电机、螺旋桨和电池构成旋翼机的动力系统。

（1）电调。电调的全称为电子调速器，是连接飞控与电机的部件（见图1-30），主要功能是接收飞控发出的信号，再将控制信号转换为电流的大小，调节电机转速，从而影响和控制飞行器的飞行状态。因为电机的电流是很大的，如果没有电调的存在，飞控板根本无法承受这样大的电流。另外，飞控自身也没有驱动无刷电机的功能。

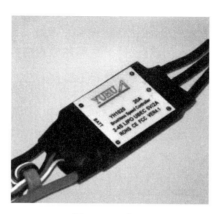

图 1-30 电调

对于不同的电机，电调可以分为有刷电调和无刷电调，分别针对有刷电机和无刷电机使用。4 轴旋翼机使用的是无刷电机，所以应当使用无刷电调。无刷电调输入是直流电，可以接稳压电源或者锂电池，输出是三相交流电，直接与电机的三相输入端相连。如果通电后电机反转，只需要将三根线中的任意两根线对换位置即可。

现有的多旋翼我们主要都在使用航模电调，分两大类，一种是带 BEC 的电调，一种是不带 BEC 的 OPTO 光电电调。BEC 是英文免电池电路的意思，有分流供电能力，可将动力电池电压变为 5V 电压给飞控供电，但是一个 4 旋翼如果 4 个电调都给飞控供电，可能会造成冲突，所以会跳掉其中三个电调杜邦线的红线。如果 4 旋翼使用 OPTO 电调，就没有这个问题，而且 OPTO 便宜一些，但这时就得再找个电源单独给飞控供电了，前提是这些单独供电都得共地，就是黑线全部得联通起来。电调还有高压低压之分，12S 以上的是高压电调；还有普通与阵列之分，阵列的散热小、效率高一些，但价格也更贵一些；还有快速响应和慢速响应的区别，目前多旋翼无人飞行器都使用快速响应的电调。大多数常见电调都是可以编程的，能通过编程或遥控器设置命令进行多项参数的设置。

电调都会标上能够提供的电流值，如 20 A、40 A，这个数字就是电调能够提供的电流。大电流的电调可以兼容用在小电流的地方，小电流的电调则不能超标使用。

（2）螺旋桨。螺旋桨是靠电机带动旋转产生升力的重要部件。要注意的是，在旋翼机上，螺旋桨和电机必须匹配使用，否则将损坏电机或电调。

①螺旋桨基本原理。螺旋桨是安装在电机上为多旋翼无人飞行器提供升力的装置，电机仅仅是将电能转换成机械能，而螺旋桨才是真正产生升力的部件。螺旋桨是一个旋转的翼面，适用于任何翼面的诱导阻力，失速和其他空气动力学原理也都对螺旋桨适用。螺旋桨产生推力非常类似于机翼产生升力的方式。产生的升力大小依赖于桨叶的平面形状、螺旋桨叶迎角和电机的转速。螺旋桨叶本身是负扭转的（载人直升机的旋翼也是有负扭角的，只是旋翼太长，我们平时注意不到），因此桨叶角从毂轴到叶尖是变化的。最大迎角在毂轴处，而最小迎角在叶尖，如图 1-31 所示。

扭转的原因是为了从毂轴到叶尖产生一致的升力。当桨叶旋转时，桨叶的不同部分有不同的实际速度。桨叶尖部线速度比靠近毂轴部位的要快，因为相同时间内叶尖要旋转的距离比毂轴附近要长。从毂轴到叶尖迎角的变化能够在桨叶长度上产生一致的升力。如果

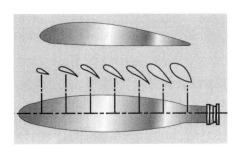

图 1-31 螺旋桨截面迎角的变化

螺旋桨叶在整个长度上设计成迎角相同,那么效率会非常低。

②螺旋桨规格及数据表示。桨径和桨距:螺旋桨主要指标有桨径和桨距(也叫螺距、总距),可使用 4 位数字表达,前面 2 位代表桨的直径(单位:in[①]),后面 2 位是桨的桨距。写法有写成 11×4 的,也有写成 1104 的;有写成 11×4.5 的,这时应该写成 11045,但为了简化会写成 1145。总之,1204 比 1104 的桨看起来大,1105 比 1104 的桨看起来陡。

③正、反桨。多旋翼为抵消单个螺旋桨的反扭矩,各个桨的旋转方向是不一样的,所以需要正、反桨。正、反桨的气流都向下吹。此处要注意的是顶视逆时针旋转的桨是正桨,正桨符合右手定则,攥起右手拳头竖起大拇指,大拇指指向拉力方向,其他指头指向旋转方向。正桨英文用 CCW 表示,第一个 C 是英文单词反向的首字母,第二个 C 是英文单词时钟的首字母,W 是英文单词方向的首字母,合起来就是逆时针桨。反桨用顺时针 CW 表示。

(3)电机

①电机原理。多旋翼三相交流电机通过交流电调把电池的直流变成交流后作为电机输入,所以是三根线,非常类似输电线用的 220 V,只是电压低得多。小号玩具多旋翼会使用直流电机,因为交流电机无法做得太小,成本也贵,直流电机两根线,接上电池两极就能转,如果要调速,使用的是直流电调。

电机(见图 1-32)俗称马达,4 轴旋翼机上使用的是无刷电机。无刷电机去除了电刷,最直接的变化就是没有了有刷电机运转时产生的电火花,这样就极大地减少了电火花对遥控无线电设备的干扰。无刷电机没有了电刷,运转时摩擦力大大减小,运行顺畅,噪声会低许多,这个优点对于飞机运行的稳定性是一个巨大的支持。无刷电机的常用寿命在几万小时数量级,但是由于轴承的不同使用寿命也有很大不同。无刷电机通常是数字变频控制,可控性强,从每分钟几转到每分钟几万转都可以很容易地实现。

②电机规格及数据表示。大小尺寸:我们经常能在外转子电机的外壳或者说明书里看到"2212 电机""2810 电机"等字样,电机上这四个数字表示的是电机的尺寸。不管什么牌子的电机,具体型号都基本对应 4 位数字,其中前面 2 位是电机定子线圈的直径,后面 2 位是定子线圈的高度,单位是 mm。注意,不是转子外壳。简单来说,前面 2 位越大,电机径向尺寸越大,越粗;后面 2 位越大,电机轴向尺寸越大,越长。很多厂商标注的电机型号指的是外转子,这样不够规范,比如这样标注的 4006 电机实际上可能就是台 3506。

---

① 1 in = 25.4 mm。

图 1-32 电机

KV 值：转速/V，意思为输入电压增加 1V，无刷电机空转（不带桨）转速增加的转速值。例如：1000 KV 电机，外加 1V 电压，电机空转时每分钟转 1000 转，外加 2V 电压，电机空转就 2000 转了。大小尺寸差不多的电机，KV 值越小，同等电压下转速越低，扭矩越大，可带更大的桨。KV 值越大，同等电压下转速越高，扭矩越小，只能带小桨。相对来说，KV 值越小，效率就越高。航拍要选用低 KV 电机配大桨，转速低，效率高，同样低转速电机的振动也小，对航拍来说这些都是极为有利的。

匝数：有些电机上还会标有线圈匝数，如 9 T、13 T。很多电机撕掉标签后外壳是一模一样的，这时 KV 值小的，比如 500 KV 的，匝数较少，但上面缠的漆包线比较粗，适合带慢速大桨。KV 值大的，比如 1200 KV 的，匝数较多，但上面缠的漆包线比较细，适合带快速小桨。

③桨机匹配。电机与螺旋桨的匹配，电机、螺旋桨与多旋翼整机的匹配，都是非常复杂的问题，所以建议采用经验配置。这里可以总结几条思路与大家探讨一下。

a. 选布局——选桨——选电机——选电调——选电池（尽量选大桨，尽量低转速）

对应搭载一定重量的任务设备，飞行一定时间，总起飞重量可以先估计出一个值；留出冗余量核算出拉力；这个拉力可以用 4 个旋翼满足，也可以用 6 个旋翼满足；每个旋翼轴的拉力和功率可以用大桨低速满足，也可以用小桨高速满足。这时我们优先选择 X 布局 4 旋翼形式，尽量用最大尺寸的桨；如果上级或客户需求不允许，或结构不好布置再考虑 6、8 旋翼形式换中尺寸的桨；如果是带边框的结构形式，桨的尺寸已限制得很小，那就得考虑增加转速，选高 KV 电机；之后再分步选择电调和电池。

b. 大螺旋桨用低 KV 电机，小桨用高 KV 电机（因为需要用转速来弥补升力的不足）

如果高 KV 带大桨，扭矩不够，转不动或转不快，电机和电调很容易烧掉。如果低 KV 带小桨，完全没有问题，只是到了转速升力也不够，无法离地。

c. 选择动力冗余配置

根据飞行器全重和电机厂家配以各类螺旋桨的测试曲线图或表格，选择挂载全套设备后依旧有 50%或以上动力冗余的螺旋桨与电机配置。多旋翼螺旋桨的拉力除用于悬停，还要用一部分力来前进后退，左右平移。最关键的还有抗风，所以建议保留一半的动力来做这些动作，而且可使电池电压降低后不至于升力不足而炸机。通俗地说就是 4 个 2212 电机最大拉力是 3300 g，整机重量不要超过最大拉力的 2/3，也就是 2200 g。如果超过这个界限，那么电机就是高负荷运行，后果就是效率变低，电机振动变大，同时可能会影响飞控。

动力冗余对于 6 旋翼、8 旋翼飞行器来说，如一轴出现问题，还能保留动力完成降落或返航。如挂载设备后重量已经接近螺旋桨与电机配置的极限，如其中一轴出现问题，飞控尝试其他几轴输出更大油门来稳定姿态，会直接让其他几轴的电机电调迅速达到保护临界，电调烧毁、电机过热，随时会导致炸机。

（4）电池。电池（见图 1-33）是旋翼无人机的动力来源，电池的性能，很大程度上决定了旋翼无人机的飞行性能，也是当前旋翼无人机发展的主要技术瓶颈。电池的重量在旋翼无人机的全重当中占有很大的比例，然而旋翼无人机的续航时间多数不超过 30 min。电池容量大，重量就重；重量轻，则容量就小，这是一对难以解决的矛盾。

图 1-33　电池

①聚合物锂离子电池规格及数据表示。电池容量：用 A·h（安·时）或者 mA·h（毫安·时）标注，表示在一定条件下（放电倍率、温度、终止电压等）电池放出电量的大小，可以理解为是电池的容量，比如标称 1000 mA·h 电池，如果以 1000 mA 放电，可持续放电 1 h；如果以 500 m 放电，可以持续放电 2 h。但是因为电池放电并不均匀，实际上和理论上还是有些差距。（严格地说，电池容量应该以 W·h 表示，A·h 乘以电压就是 W·h，如坐飞机限制携带电池的容量是 160 W·h）

电池电压：用 V（伏特）标注，表示了正负极之间的电压压降。目前工业生产的每一个锂聚合物电池单体电芯的额定电压都是 3.7 V，为了让电池能有更高的工作电压和电量，必须对电池单体电芯进行串联和并联构成保聚合物电池组。电池组上面经常出现 S 和 P 的字样，S 表示串联，P 表示并联。比如"6S1P"就是 6 节电芯串联，而如果是 4S2P 就是每 4 节电芯串连，然后 2 串这样的电芯组再并联成一块完整的电池。电芯单体 1 节标准电压为 3.7 V，那么 2S 电池，就是代表有 2 个 3.7 V 电池在里面，电压为 7.4 V。

放电倍率：锂聚合物电池能以很大电流放电，普通锂离子电池不能以大电流放电，这是两者的最重要区别之一。放电倍率代表了锂聚合物电池放电电流的大小，代表电池放电能力，这个放电能力就是用 C 来表示，表示电池充放电时电流大小的比率，即倍率。如 1200 mA·h 的电池，0.2C 放电表示放电电流 240 mA（1200 mA·h 的 0.2 倍率），1C 放电表示放电电流 1200 mA，即 1.2 A（1200 mA·h 的 1 倍率）。比如一块 1000 mA·h 电池，规格为 5C，那么用 5×1000 mA·h，得出该电池可以以最大 5 A 的电流强度放电。这很重要，如果用低 C 的电池大电流放电，电池会迅速损坏，甚至自燃。另外倍率越高电池越贵。同容量的 30 C 电池可能价格是 5C 的 3~4 倍。

充电倍率：这个与上面的 C 一样，只是将放电变成了充电，如 1000 mA·h 电池，2C 快充，就代表可以用 2 A 的电流来充电。千万不要图快，贸然用大电流，超过规定参数充电，电池很容易缩短寿命和损坏。

放电终止电压：锂离子电池的额定电压为 3.6 V（锂聚合物为 3.7 V），终止放电电压为 2.5~2.75 V（电池厂给出工作电压范围或给出终止放电电压，各参数略有不同）。电池的放电终止电压不应小于 2.5 V，低于终止放电电压继续放电称为过放，过放会使电池寿命缩短，严重时会导致电池失效，其中锂聚合物电池过放会"胀肚"，内部产生气体，不可复原。电池不用时，应将电池充电到保有 20% 的电容量，再进行防潮包装保存，3~6 个月检测电压 1 次并进行充电，保证电池电压在安全电压值（3 V 以上）范围内。

放电温度：不同温度下的放电曲线是不同的。在不同温度下，锂离子电池的放电电压及放电时间也不同，电池应在 -20~60 ℃ 温度范围内进行放电。聚合物锂电池中聚合物和凝胶态电解质的离子传导率不如普通锂电池液态电解质那么高，因此在高倍率放电和低温情况下性能不佳。所以低温环境下，在飞行前需要给电池做好保温。

②注意事项。目前旋翼无人机电源系统多数使用锂电池，具有尺寸小、质量轻、充电时间短、没有记忆效应、适用于重复多次充放电等优点。

锂聚合物电池在使用中应当注意以下问题：

a. 新电池使用前应先检查各单片电压，同一组合中单片间的电压差不应该大于 0.03 V。

b. 正确激活新电池，通常应以慢充方式进行充放电，循环 3~5 次，可视为激活程序完成。

c. 使用中尽可能选用优质电机，避免电机工作过程中持续电流过大而损伤电机或降低电机使用寿命。

d. 避免电池经常在极限负荷状态下工作，任何一件物品，如果你不把它使用到极限，那么它的寿命一定会更长。再次充电前的电池余量不应低于 15%。

e. 正确保存，电池存放应注意防晒、防潮、防爆、防高温，保存温度在 10~30 ℃ 为好。如需长期存放，应至少每月做一次充放电循环。

f. 使用优质充电器，做到平衡充电，截止电压不得高于规定值，片间压差通常不高于 0.02 V，电流以 0.5~0.8 C 为最佳。

1.2.2 遥控器的使用

遥控器是操控手向飞行器发送指令的重要装备（见图 1-34），遥控器的质量和使用对飞行安全至关重要。飞行当中，遥控器的性能很大程度上会影响到飞机姿态控制的灵活性和稳定性。遥控器一旦失灵，意味着飞机失控，将不可避免地导致严重后果。

目前市场上的遥控器种类和品牌繁多，作为商用或工业级无人机的配套设备，应当选用经长期使用验证质量可靠稳定的产品，同时在规格上应满足飞行控制需要。4 旋翼无人飞行器至少需要 6 通道遥控器，优选是 8 通道的。当然，如不考虑价格因素，通道越多，使用的扩展余地就越大。

遥控器在使用中应注意以下问题：

（1）电源检查及充电。设备自身配有充电器的，可以直接用来对电池充电。没有配充电器的，取出电池用其他充电器代替充电。充电电流控制在电池容量的 1/10。新电池进行 2 或 3 次充放电之后才能正式投入使用，这样可以保证电池容量和寿命达到规定标准。

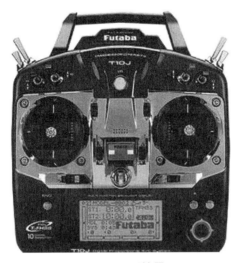

图 1-34 遥控器

（2）开机检查。首先将遥控器天线全部拉出，打开电源开关。这时，有电平指示的应指示在绿色或白色区域的上方，把天线缩短时，电平指示将下降。然后将飞机的接收机电源接收通，拨动操纵杆和微调手柄，飞行器上的相应设备应有动作，各通道也不互相干扰，确定发射机和接收机工作正常。

（3）拉距离试验。每次拉距离时，接收机天线和发射机天线的位置应相对固定，原则是要使接收机在输入信号较弱的情况下也能正常工作，才能认可是可靠的。新设备拉距离试验时，应先用短天线（一节）记下它的最大可控制距离，然后再将天线全部拉出，逐渐加大遥控距离，直至出现跳舵。所谓工作正常的标准，是舵机不出现抖动，一般天线全部拉出时应在 500 m 左右工作正常。

（4）无桨开机试验。将遥控器全部微调手柄放至中立位置，两个操纵杆和辅助通道的操纵手柄也放在中间位置，确认遥控器工作正常之后，再打开机上接收机电源。开机后，检查动作方向，拨动各通道的操纵杆或手柄，检查操纵机构动作方向是否正确；调整舵角，转换开关放至小舵角位置时，活动操纵杆或手柄，各对应机构随动性好，无卡滞、跳动等不正常现象。

（5）做好日常维护保养。无线电遥控器是控制无人飞行器的直接工具，是整个无人飞行器系统的关键设备，必须有一套合理的日常维护制度。

①保证电源工作正常。严格掌握正确的充电方法，避免过放电和过充电，保证电源可靠地工作，这是确保飞行安全的重要环节。

②保证操纵杆、开关的可靠性。对遥控器的各种摇杆、开关、销钉、紧固件应经常进行检查，确保有效可靠，无论什么时候都不能存有侥幸心理。

③使用前要核对中心位置。对杆位与飞机对应机构的中心位置应有准确定位，并经常进行核对。一旦发现有明显错位时，必须停止使用，检查是否有遥控器或飞机对应设备电压不足、接头或摇杆松动脱落、活动部位安装架开胶等故障。

④定期和不定期检查。遇有以下情况，应对遥控器进行比较系统的全面检查：连续使用 10 个起落之后；存放一个月以上；受到剧烈冲击或震动之后；在潮湿、盐雾、沙尘、

严寒等恶劣环境中使用过后。

1.2.3　4 旋翼飞行器结构和飞行原理

4 轴无人机也叫 4 旋翼无人机，它有 4 个螺旋桨，4 轴无人机也是无人机中结构最简单的无人机，前后左右各一个螺旋桨。其中位于上机架中心的飞控板接收来自遥控端或者视觉模块的控制信号，在收到控制信号后通过数字的控制方法控制 4 个电调，电调再把控制命令转化为电机的转速，以达到操作者的控制要求。无人机如何去完成操控者的控制要求是本章主要探究的内容。

1.2.3.1　4 旋翼结构

4 旋翼无人机通过改变自身 4 个旋翼的转速，可以比较灵活地进行各种飞行动作。主要依据的运动原理是力的合成和分解，以及空气转动扭矩的反向性。如前所述，4 旋翼无人机通常在结构上有两种模式，即十字模式和 X 模式。两种模式的控制原理不同。

1.2.3.2　4 旋翼的两种硬件结构

4 旋翼无人机通过输出 PWM 信号来调节 4 个电机的转速以改变各个旋翼的转速，实现各个桨叶的升力变化，从而控制 4 旋翼无人机的姿态和位置。在了解飞行原理之前，要确定无人机的硬件结构，硬件结构不同，无人机的控制模型也会发生改变，其控制原理也就不同。

本书无人机飞控板的安装结构分为十字模式和 X 模式，如图 1-35 所示。

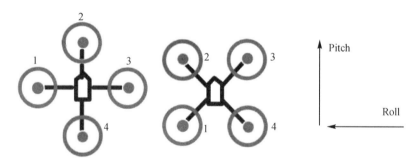

图 1-35　4 旋翼无人机的十字模式和 X 模式

图中 4 个旋翼（1，2，3，4）对称分布在机体的前、后、左、右 4 个方向，4 个旋翼处于同一高度平面，且 4 个旋翼的结构和半径都相同，需要注意的是一对桨叶为正桨，另一对为反桨，4 个电机对称地安装在无人机的支架端，支架中间安放飞控板。这是最基本的 4 旋翼无人机的硬件结构，但是 4 旋翼无人机的飞控板安装方式又分为两种，即 X 模式和十字模式。怎么去理解这两种模式的区别？我们将 4 个电机分为对角的 1，3 和 2，4 两组。欧拉角中的俯仰角和翻滚角，即 Pitch 和 Roll，其与 4 旋翼对轴两个电机的夹角就决定了是 X 模式还是十字模式的 4 旋翼了。

X 模式：Pitch 和 Roll 与 1，3、2，4 两组电机呈 45°夹角。

十字模式：Pitch 对应 2，4 电机的对轴，Roll 对应 1，3 电机的对轴，夹角为 0°。

两者最大的区别在于控制，X 模式的对轴平衡控制（Pitch 轴或者 Roll 轴平衡在一个设定角度）需要同时控制 4 个电机；而十字模式的对轴平衡控制只需要控制对边两个电机的平衡，控制原理较为直观。两者之间各有优势，十字模式的 4 旋翼较为灵活，但是没有 X 模式的稳定性高，但是 X 模式飞行控制比起十字模式更难一些。在 Bird-Drone 系列无人机中采用了 X 模式结构（见图 1-36）。

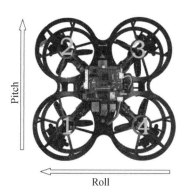

图 1-36　Bird-Drone 无人机结构图

1.2.3.3　4 旋翼的飞行原理

4 旋翼无人机通过调节 4 个电机转速来改变旋翼转速，通过 4 个旋翼升力的变化，从而控制无人机的姿态和位置。4 旋翼无人机是一种 6 自由度的运动体，4 旋翼共有四个输入（即 4 个电机的转速），同时却有 6 个状态输出（即 6 个方向的运动），所以它又是一种欠驱动系统。当 4 旋翼无人机的电机 1 和电机 3 逆时针旋转的同时，电机 2 和电机 4 顺时针旋转，陀螺效应和空气动力扭矩效应被相互抵消，因此当无人机平衡飞行时，4 个旋翼的状态如图 1-37 所示。

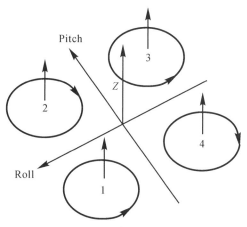

图 1-37　4 旋翼平衡飞行的力学示意图

注：Pitch 正方向为向前飞行方向，Roll 正方向为向左飞行方向。电机 1 和电机 3 作逆时针旋转，电机 2 和电机 4 作顺时针旋转。箭头在旋翼的运动平面上方表示此电机转速提高，在下方表示此电机转速下降。

4旋翼无人机的控制原理如下,当没有外力并且4旋翼的重心在中心点时,4个螺旋桨以一样的转速转动,在螺旋桨产生的拉力大于无人机受到的重力时,4旋翼就会向上飞行;

当拉力等于重力时,4旋翼就可以在空中保持悬停了。如果想让4旋翼保持水平悬停状态,当4旋翼的前方旋翼受到向下的外力时,前方的电机会加速旋转,以抵消外力的影响从而保持水平,同样其他几个方向受到外力时4旋翼也是通过这种方式保持水平的。当需要控制4旋翼向前飞时,前方的两个电机需要减速,而后方的两个电机加速,这样四轴就会向前倾斜,也相应地向前飞行。同样,需要向后、向左、向右飞行也是通过这样的控制方法就可以实现,当我们要控制4旋翼的机头方向向顺时针转动时,4旋翼无人机同时加快1、3电机的转速,并同时降低2、4电机的转速,在平衡调节后,4旋翼无人机依旧保持平稳,但是逆时针转动的力比顺时针大,所以机身会向反方向转动,从而达到控制机头的方向。这也是为什么要使用两个反桨两个正桨的原因。

1.2.3.4 X模式与十字模式飞行原理

简单地了解了4旋翼无人机的力学模型后,再次回到X模式和十字模式两个4旋翼结构上,进行原理分析。

对比图1-37和图1-38不难发现,如果同样想让4旋翼往Pitch轴的正方向飞行,十字模式只需要降低2号电机的转速,加快4号电机的转速,并不需要对1、3号电机做出转速变化;而X模式则需要同时将2、3号电机进行减速,1、4号电机进行加速,才能完成Pitch轴正方向飞行的任务。那么X模式在控制上比较复杂,又带来什么好处呢?试想假设在向前飞行的过程中,遇到了气流上的干扰,十字模式只能调节两个电机来抗干扰,X模式却可以使用4个电机进行调节,所以X模式的抗干扰能力更加强一些,这一点在力学模型上也有体现。

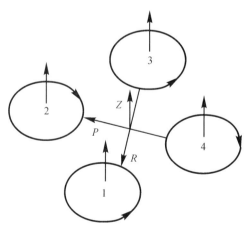

图1-38 十字模式4旋翼飞行力学示意图

1.2.3.5 4旋翼的6种飞行状态

与传统的直升机相比,4旋翼飞行器有下列优势:各个旋翼对机身所施加的反扭矩与旋翼的旋转方向相反,因此当电机1和电机3逆时针旋转的同时,电机2和电机4顺时针旋转，可以平衡旋翼对机身的反扭矩。4旋翼飞行器在空间共有6个自由度（分别沿3个坐标轴作平移和旋转动作），这6个自由度的控制都可以通过调节不同电机的转速来实现。

其基本运动状态如下。

（1）垂直运动（见图1-39）。在4旋翼完成4轴平衡的条件下，同时增加4个电机的输出功率，旋翼转速增加使得总的拉力增大，当总拉力足以克服4旋翼无人机受到的重力时，4旋翼飞行器便离地垂直上升；反之，同时减小4个电机的输出功率，4旋翼飞行器则垂直下降，直至平衡落地，实现了沿Z轴的垂直运动。当外界扰动量为零时，在旋翼产生的升力等于飞行器的自身重力时，飞行器便保持悬停状态。

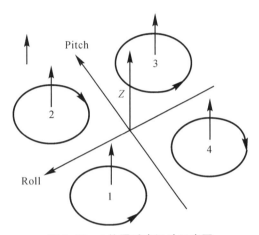

图1-39　4旋翼垂直运动示意图

（2）俯仰运动（见图1-40）。在4旋翼完成4轴平衡的条件下，电机1、4的转速上升，电机2、3的转速下降（改变量大小应相等，在PID程序的实现中也有体现）。由于旋翼1、4的转速（即升力）上升，旋翼2、3的转速（即升力）下降，产生的不平衡力矩使机身绕Roll轴旋转，同理，当电机1、4的转速下降，电机2、3的转速上升，机身便绕Roll轴向另一个方向运动，实现飞行器的俯仰运动。

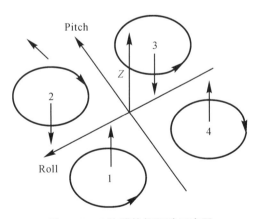

图1-40　4旋翼俯仰运动示意图

（3）翻滚运动（见图1-41）。在4旋翼完成4轴平衡的条件下，提高3、4号电机的转速，减慢1、2号电机的转速，则可使机身绕Pitch轴的正向或者反向进行运动，实现飞行器的翻滚运动。

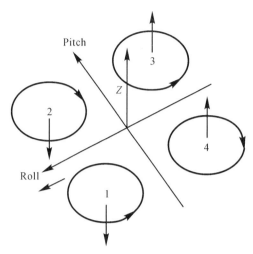

图1-41 4旋翼翻滚运动示意图

（4）航向运动（见图1-42）。需要注意的是4旋翼需要进行航向运动必须在姿态解算的过程中带有磁力计，带有磁力计补偿的欧拉角才有绝对的航向，否则无人机的航向是随机的，并且会不停地飘移，并没有较大的控制意义。旋翼转动过程中由于空气阻力作用会形成与转动方向相反的反扭矩，为了克服反扭矩影响，可使4个旋翼中的两个正转，两个反转，且对角线上的各个旋翼转动方向相同。反扭矩的大小与旋翼转速有关，当4个电机转速相同时，4个旋翼产生的反扭矩相互平衡，4旋翼飞行器不发生转动；当4个电机转速不完全相同时，不平衡的反扭矩会引起4旋翼飞行器转动。在图1-42中，当电机1和电机3的转速上升，电机2和电机4的转速下降时，旋翼1和旋翼3对机身的反扭矩大于旋翼2和旋翼4对机身的反扭矩，机身便在富余反扭矩的作用下绕Z轴转动，实现飞行器的航向运动，转向与电机1、电机3的转向相反。

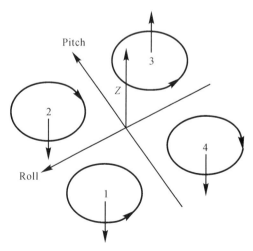

图1-42 4旋翼航向运动示意图

（5）前后运动（见图1-43）。如果想要实现4旋翼无人机在水平面内前后左右的运动,必须在水平面内对飞行器施加一定的力。在图1-43中,增加1、4号电机转速,使拉力增大,相应减小2、3号电机转速,使拉力减小,同时反扭矩仍然要保持平衡。按图1-40的理论,飞行器首先发生一定程度的倾斜,从而使旋翼拉力产生水平分量,因此可以实现无人机的前飞运动。向后飞行与向前飞行正好相反。(在图1-40和图1-41中,无人机在产生俯仰、翻滚运动的同时也会产生沿Pitch、Roll轴的水平运动)

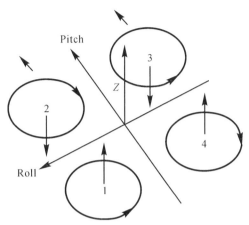

图1-43　4旋翼前后运动示意图

(6)侧向运动(见图1-44)。由于Bird-Drone系列的无人机结构是完全对称的,所以侧向飞行的工作原理与前后运动完全一样。

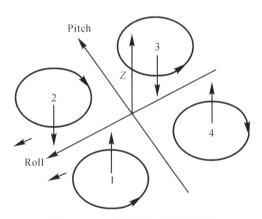

图1-44　4旋翼侧向运动示意图

总结上述6个运动状态来说,有了俯仰运动后才有前进和后退运动,有了翻滚运动后才有侧向的运动,而垂直运动和航向运动是两个分离的运动状态。

在控制4旋翼无人机飞行时,有如下技术难点。

首先,在飞行过程中它不仅受到各种物理上的干扰,还很容易受到气流、磁场等外部环境的干扰,使无人机的动态性能受到影响。其次,微型4旋翼无人飞行器是一个具有6个自由度,而只有4个控制输入的欠驱动系统。它具有多变量、非线性、强耦合和干扰敏感的特性,使得飞行控制系统的设计变得非常困难。再次,利用陀螺进行物体姿态检测需要进行累计误差的消除,怎样建立误差模型和通过组合导航修正累积误差是一个工程难题，而 Bird-Drone 无人机采用先进的滤波算法解决了姿态解析的问题。这三个问题解决成功与否，是实现微型 4 旋翼无人飞行器自主飞行控制的关键，具有非常重要的研究价值。

1.2.4　旋翼飞行器的调试

1.2.4.1　无桨调试

新出厂或组装后首次投入飞行的，或进行结构调整、更换重要零部件的，或停放时间较长的，或严重损伤后经过修复的旋翼机，都应在正式飞行之前进行无桨调试。

无桨调试的基本目的和要求是：进行通电测试，检查飞控、电调和电机是否可以正常通电；进行遥控器与飞机的连接，检查和调整各控制通道的工作状态，确认各个通道可有效控制飞机；检查各个电机的工作状态，确保转动方向和工作方式正确无误。

无桨调试的基本如下。

（1）连接线路，包括电源线的连接、电调与电机的连接、信号线的连接、接收机与飞控的连接。线路连接时必须做到：顺序和线序准确无误，输出端和连接端的连接到位可靠，线路与设备无挤压牵扯，线路之间无缠绕。

（2）发射机（遥控器）检查。检查要求与方法在上一节已阐述。

（3）接通电源，匹配接收机。每次接通电源前必须检查飞控、接收机、电调、电机的连接，确保无松动、短路等不正常情况，以免发生意外。连接电源必须注意正负极不得接反。电源接通后，按照遥控器说明书的要求，进行遥控器与接收机对码，对码成功后断开飞行器和遥控器的电源。

（4）检查电机。先接通飞行器电源，再打开遥控器电源开关，等待发射机与接收机连接，此时切不可推动遥控器的摇杆。连接成功后，在确认飞行器和电机周围无任何障碍物的前提下，开始解锁飞控。飞控解锁后可推动油门，起动电机，并反复加减油门判断电机旋转方向。

（5）无桨调试的重点检查项目：供电系统的连接和工作情况；匹配接收机；发射机（遥控器）的中点校正；调整解锁；油门行程校正；电机转动方向。

1.2.4.2　有桨调试

经过无桨调试，并排除了一切安全隐患，可继续有桨调试。有桨调试是在安装上桨叶之后进行的测试，确保安全是有桨调试自始至终的关键。因而，有桨调试应严格遵守以下操作要求。

（1）选择具备测试条件的飞行场地。

（2）安装桨叶时，飞控和电调必须断电。

（3）确认桨叶完好无损。

（4）正桨和反桨必须对应不同的电机安装，不得装反。

（5）桨叶安装必须牢固，防止发生"射桨"事故。

（6）确认电机型号与桨叶匹配。

（7）确认发射机（遥控器）中点和油门行程已校正。

(8)确认发射机（遥控器）电池电量充足。
(9)确认调试飞机周围 2 m 以内无人员和障碍物。
(10)必要时，采用系留装置，限制飞机飞行范围。
有桨调试主要进行以下内容的测试。
(1)油门测试。推动油门使飞机平稳离地，上升至一定高度后拉油门操纵飞机缓慢下降，在一定高度悬停。
(2)偏航测试。左右摆动操纵杆，使飞行器原地转动；然后在前行状态下进行偏航操作，使飞行器转弯。通过以上动作判断通道选择和电机顺序是否正确。
(3)俯仰测试。机头指向朝前时，前后推动操纵杆，向前推飞机下俯（前进），向后拉则飞机上仰（后退）。
(4)滚转测试。操纵原理与俯仰相似，左右摆动操纵杆，飞机即向左右滚转或向左右改变运动方向。

1.2.5　基本操作要求和日常维护

旋翼无人机在使用过程中，必须严格遵守使用说明和操作规程，特别应当注重做好以下工作。

1.2.5.1　加强练习，提高飞行技术

旋翼无人机的操纵相对于固定翼飞机或直升机来讲，难度要小一些，特别是智能化程度较高的旋翼无人机，基本可以做到完全自主飞行。但这并不意味着可以降低对操控手的技术要求，旋翼机通常在低高度活动，一旦出现操纵失误，很难把握住补救机会，从实际情况来看，旋翼机的事故概率往往高于其他飞机，并且绝大多数为操纵原因导致的飞行事故。因此，操控手的技术水平，对发挥飞机性能，提高飞行质量，保证飞行安全，仍然起着决定性的作用。

旋翼无人机的基本操作练习一般包括起飞、悬停、降落、上升、下降、旋转、平移、航线飞行等内容。通过练习，操控手应当能平稳操纵飞机起飞和降落，稳定保持平飞的方向和高度，转动灵活，旋转角速度均匀一致，各种状态飞行动作姿态平稳，纵向和横向无明显飘摆。

1.2.5.2　认真检查，不带故障上天

飞行前的检查，是飞行实施的重要环节，把一切可能发生的问题解决在地面，是把飞行事故降到最低的基础。

飞行前检查的重点：
(1)飞行器整体目视检查。检查飞行器的外部整体情况，飞行器没有外部损伤，各部件之间连接牢靠，紧固件没有松动现象，不得在飞行器上安装任何附加物体。GPS 和通信天线安装良好，机舱内部设备安装正确，连接牢固，机舱和电机内无水渗入和结露，机盖固定到位，外挂设备安装正确，无松动脱落危险。
(2)遥控器检查。确保遥控器电池已经充满，天线固定良好，在与地面站保持不少于

2 m 的距离测试各指令通道工作正常。

（3）地面站检查。给地面站供电的电池完全充满，天线安装牢固可靠，卫星接收信号强度符合要求，确认任务规划正确无误，数据上传和下传工作正常，地面站显示稳定，备份电源处于良好状态。

（4）环境与飞行场地检查。场地和净空条件符合起降要求，飞行活动空间内无危险障碍物，尽可能避开无线电干扰源；选择和布置工作区、地面站和起降点，设置警戒线和警戒点；目测天气状况，排除在飞行时间内出现危险天气的可能性，测定风向风速，确定起降方向。

1.2.5.3　精心维护，提高飞机完好率

（1）电池的使用与维护。电池是旋翼无人机的动力源泉，空中断电是飞行安全的最危险因素，因此，正确使用与精心维护电池，对于确保飞行安全的关键至关重要。任何一种电池都有寿命，锂电池的使用寿命主要是充放电次数，达到规定使用寿命或出现充电明显延时或最大电量低于标称值10%以上的电池，不建议继续使用。需要特别注意的是，机载电子设备一般都不支持热插拔，在连接和断开设备时，必须先断开电源。

（2）碰撞和震动防护。旋翼无人机应采用箱式收纳的保护措施，收纳箱应有一定的抗压、抗震、抗碰撞强度，有较好的防潮、防尘、防腐性能，箱内应有根据飞行器的形状制作的定位隔断模块，确保安放有序，使用便捷，在各种状态都不发生部件之间的挤压碰撞。运输时，应采取防滑动、防颠簸、防跌落措施，确保运输安全。电池不得与其他物品混放，必须使用防爆箱单独存放。

（3）妥善存放保管。完成飞行后的当日，应对飞机进行全面检查，确保状态完好。应定期对飞机进行清洁，特别是在恶劣环境中使用过的飞机，应按照"先整体，后分解；先外部，后内部"的顺序，仔细进行清洁擦拭。清洁的重点是电机、飞控、电调电台等电子、电器设备，以及飞行器的连接和固定部件。飞行器应在室内存放，环境温度为10～35 ℃，相对湿度低于60%，如在温、湿度条件较差的环境中存放，应定期进行检查，必要时进行地面通电试车。长期存放的飞行器，至少每月进行一次通电试车检查。

（4）日常修理维护。小型无人飞行器通常都不配备专门的维修人员，维修工作由飞行员或其他工作人员兼任，掌握一定的维修专业知识，是安全高效地使用无人飞行器的重要基础。在日常修理维护时，应当严格按照使用手册和维修规程实施，不得随意更改原设计方案；不得随意换用未经检测的重要部件；不得串用不同型号飞行器的部组件；不轻易拆卸分解密封部件；更换电机、飞控、电调、电台、导航等重要设备之后，必须先经地面试运行、空中试飞，确认工作正常方能正式投入使用。

1.3　无人直升机结构及飞行原理

无人直升机是一种由一个或多个水平旋转的旋翼提供升力和推进力而进行飞行的航空器。直升机具有大多数固定翼航空器所不具备的垂直起降、悬停、小速度向前或向后飞行

的特点。直升机与固定翼飞机相比,其弱点是速度低、耗油量较高、航程较短。无人直升机平台如图 1-45 所示。

图 1-45 小型无人直升机

无人直升机的升力产生原理与机翼相似,只不过这个升力来自于绕固定轴旋转的"旋转的机翼"。旋翼不像固定翼航空器那样依靠整个机体向前飞行来使机翼与空气产生相对运动,而是依靠自身旋转产生和空气的相对运动。但是在旋翼提供升力的同时。无人直升机机身也会因反扭矩(与驱动旋翼旋转等量但方向相反的扭矩,即反作用扭矩)的作用而具有相反方向旋转的趋势。为了克服"旋翼"旋转产生的反作用扭矩,常用的做法是用另一个小型旋翼,即尾桨,在机身尾部产生抵消反作用运动的力矩。

无人直升机飞行的特点如下。

(1) 它能垂直起降,对起降场地要求较低。

(2) 能够在空中悬停。即使直升机的发动机空中停车时,飞行员可通过操纵旋翼使其自转,仍可产生一定升力,减缓下降趋势。

(3) 可以沿任意方向飞行,但飞行速度较低,航程相对来说也较短。

1.3.1 无人直升机的结构

无人直升机旋翼的旋转产生了升力的同时,空气对旋翼的反作用也形成了一个与旋翼旋转方向相反的作用力矩,驱使无人直升机的机体反向旋转,这就是所谓的无人直升机力矩及力矩平衡问题。

1.3.1.1 无人直升机的结构形式

较早致力于力矩和力矩平衡方面研究的是德国人贝纳恩和阿赫班奇。他们两人分别于 1897 年和 1874 年提出安装一个尾桨来平衡直升机旋翼产生的反向力矩的方案。通过安装尾桨,可产生一个平衡力矩,以抵消旋翼力矩,保证直升机的平衡飞行。实际上这就是后期发展成熟的单桨式直升机的萌芽。此后,许多直升机事业的先驱者都试图研究并解决飞行力矩问题,运用两个或更多的旋翼来克服飞行力矩,其原理是使这些旋翼以相反的方向旋转,使各自的飞行力矩彼此抵消保证平衡。探索的结果使得直升机出现了几种不同的结构形式,如单桨式、共轴式、横列式、纵列式、多桨式等。

(1) 单桨式成为后来实用直升机的主要形式。这种形式最早出现于 1874 年,是阿赫班奇设计的。这架蒸汽机驱动的直升机包含一个举力旋翼和一个推进式螺旋桨,一个方向舵和一个尾桨。这是用尾桨平衡直升机力矩的第一架直升机。

(2) 共轴式结构是在同一个轴上安装两个旋转方向相反的旋翼,这样两旋翼所产生的力矩就彼此抵消了。早期直升机多采用这种结构形式,其最早的设计是布莱特于1859年作出的。由于动力的缘故,这架直升机没有进行过试验。早期取得一定成功的共轴式直升机是美国人埃米尔·贝林纳于1909年设计的。他的直升机安装了两台发动机,与共轴的旋翼相连。旋翼采用坚硬的木质桨叶,通过倾斜整个旋翼及部分机身来达到控制。这架直升机成功地飞行了三次。

(3) 纵列式结构是通过沿身体前后排列的两个旋向相反的旋翼,来克服直升机的力矩的。1907年,法国人泡特·科努制造了一个外形结构与纵列式结构非常相似的直升机,并成功地进行了一次飞行试验,但这种结构只在早期发展的直升机中较多采用,主要原因是机身长,重心变化范围大,稳定性差。

(4) 横列式结构是通过沿机体横向左右排列的两个旋转方向相反的旋翼来克服直升机力矩的。这种结构的直升机最早出现在1908年与1909年间,是由美国人埃米尔·贝林纳设计制造的。它将两个旋翼并排安装在机翼两端,通过倾斜整个旋翼及部分机身实现飞行控制。同样,这种结构形式后来也较少采用。

(5) 多桨式结构一般用于大型直升机上,它运用三个或更多的旋翼。在早期的研究中,这种型式运用较多。法国的孔萨斯于1845年设计的直升机就是这种直升机最早的代表。它以蒸汽机为动力,有一个主旋翼和两个分别用于控制和推进的副旋翼。由于这种结构形式比较复杂,所以后来没有得到采用。

1.3.1.2 动力系统

从原理上讲旋翼和螺旋桨没有区别,但是旋翼要提供升力和拉力,而螺旋桨仅提供拉力,为了获得足够的升力,桨叶要做得很长,旋翼直径从小型直升机的 5~10 m 到大型直升机的二三十米,最大的有 32 m。桨叶连接在桨毂上,构成整副旋翼。

1.3.1.3 自动倾斜器

自动倾斜器的核心装置就像一个轴承,外圈不能转,内圈能转。控制舵机或杆就能使这个轴承前倒,后倒,左倒,右倒,上升,下降。由于它是轴承,所以转动的内圈也被迫跟着外圈动作。旋翼上有几个叶片,内圈上一般也会有几个杆连接在叶片前缘,这个杆就是用来调整迎角的,因为杆的长度是一定的,所以如果在这个角度上轴承靠下方了,那么这个角度上旋翼的迎角就小,升力就小。

自动倾斜器是实现驾驶杆和总距杆操纵的重要部件,由两个主要零件组成:一个不旋转环和一个旋转环。不旋转环安装在旋翼轴上,并通过操纵线系与驾驶杆和总距杆相连。它能够向任意方向倾斜,也能沿旋翼轴上下垂直移动,但是不能转动。旋转环通过轴承被安装在不旋转环上,通过拉杆与变距铰(轴向铰)相连,不但能够同旋翼轴一起旋转,而且能够作为一个单元体随不旋转环同时倾斜和沿旋转轴上下垂直移动。

1.3.2 无人直升机的飞行原理

1.3.2.1 无人直升机的升力来源及飞行原理

无人直升机飞行时，旋翼的桨叶会形成一个带有一定锥度的底面朝上的大锥体，称为旋翼椎体。旋翼的拉力垂直于旋翼椎体的底面，当向上的拉力大于直升机自重，直升机就上升，小于直升机自重，直升机就下降，刚好相等，直升机就悬停。

直升机在地面停放时旋翼的桨叶会因为自身重量的作用呈自然下垂状态。直升机飞行时，旋翼不断旋转，空气流过桨叶上表面，流管变细，流速加快，压力减小；空气流过桨叶下表面时，流管变粗，流速变慢，压力增大。这样以来桨叶的上下表面就形成了压力差，桨叶上产生一个向上的拉力。拉力大小受到很多方面影响，比如桨叶与气流相遇时的角度、空气密度、机翼的大小和形状，还有和气流的相对速度等。各桨叶拉力之和就是旋翼的拉力。

通过自动倾斜器控制旋翼椎体向前后左右各方向的倾斜，就可以改变旋翼拉力的方向，从而实现直升机向不同方向的飞行。

1.3.2.2 无人直升机的旋翼扭转

无人直升机旋翼的桨叶截面由翼型构成，叶片平面形状细长，相当于一个大展弦比的梯形机翼，但旋翼的桨叶要比机翼复杂得多。而固定翼机翼一般都是平的，而旋翼桨叶都是有扭转角的。机翼的翼尖向翼根（这个方向，叫作机翼的展向）看去，机翼每个截面的弦线基本上是重合或平行的，所以机翼是平的。但旋翼桨叶就不是这样了，从桨尖向桨根看去，桨叶各截面的弦线就不重合了，一般而言，靠近桨尖的部分，弦线倾斜的角度不高，而越靠近桨根，弦线倾斜得就越大。那么，这样看来，旋翼桨叶就不平了，像是被扭转了一样。

有了扭转角，势必就给生产加工带来了困难，毕竟旋翼桨叶不是毛巾，说扭就扭，这里面是需要复杂工艺的。那么，桨叶为什么一定要这个扭转角呢？

从升力讲，由于机翼是固定在机身上的，因此机翼上的每个截面，运动速度完全一样，那么每个截面所承受的气动力（升、阻力）就基本一样。旋翼就不同了，靠近桨毂的地方，桨叶截面运动速度几乎为零，而靠近桨尖的地方，一般速度在 $180\sim220\ m/s$ 之间，相差太大。如果桨叶没有扭转角，那桨尖的气动力就要远远高于桨根了。所以，靠近桨尖的部分，弦线比较平，这样迎角就会相对较小，气动力会相对小一些，同时相应的激波阻力也会小一些；而靠近桨根的部分，弦线倾斜角就要大一些了，这样迎角增加，气动力就会大一些。这样一来，尤其是在高速前飞状态下，激波阻力的影响就会相对小一些，旋翼功耗就会下降。

1.3.2.3 挥舞铰

旋翼旋转时作圆周运动，由于半径关系，桨叶尖处线速度很大，而桨叶靠近圆心处的根部线速度很小，甚至几乎为零，所以单片桨叶上各处产生的升力并不相同，靠近桨尖的地方产生最大的升力，而靠近根部的地方只产生很小的升力。

此外当直升机前进时，旋翼在旋转一圈时在迎风的半圈（前行）和顺风半圈（后行）中桨叶的相对风速是不同的，即迎风一般大，而顺风时小，因而会造成升力不平衡，即前行桨叶升力大，这会使直升机倾斜，并使桨叶根部产生交变弯矩，使桨叶加速损坏。

如果桨叶和桨毂刚性连接，一方面桨叶上不均的升力会使桨叶产生强烈的扭曲，既会加速桨叶材料的疲劳，又容易引起振动，另一方面旋翼两侧升力的不均会使机体失去平衡向一侧翻滚。为了解决这些问题，设计者设计了一个铰接装置来连接桨叶和桨毂，即挥舞铰。

挥舞铰，也叫水平铰，就是在桨叶的根部设置一个水平的轴孔，通过插销与桨毂相连，这种连接方式允许桨叶在一定幅度范围内挥舞。这样一来，桨叶在前行时，由于升力增加，自然向上挥舞，其运动的实际方向不再是水平，而是斜线向上的，桨叶实际的迎角也由于这种运动而减小，升力降低。桨叶在后行时，升力不足，自然下降，这种边旋转边下降的运动，使桨叶的实际迎角增大，升力增加。同时由于离心力的存在，桨叶会有自然拉直的趋势，因此不会在升力作用下无限升高或降低，也就是说桨叶的挥舞幅度不是无限的。同时设计者在机械构造上也采取了相应的措施，保证桨叶不至于因无限挥舞而碰撞机身。

1.3.2.4 摆振铰

桨叶的挥舞虽然解决了升力不均材料疲劳等问题，但也带来了新的问题。桨叶向上挥舞时，重心离旋转轴的距离减小，产生的科氏力矩使桨叶加速旋转，桨叶恢复水平时，重心离旋转轴的距离增加，科氏力矩又会使桨叶减速旋转。科氏力矩的大小和方向随着桨叶的挥舞呈现出周期性变化，桨叶在水平方向也会前后摇摆，补偿挥舞造成的科里奥利效应。如果不加控制，这种摇摆对桨叶根部的损伤会非常大，解决的办法就是安装摆振铰。

摆振铰，也叫垂直铰，就是在桨叶的根部再设置一个垂直的轴孔，通过插销与桨毂其他结构相连，这种连接方式允许桨叶前后小幅度摆动，从而避免桨叶根部变弯或疲劳断裂。此外为了给桨叶绕摆振铰的摆振运动提供阻尼以及保证其有足够的稳定性裕度，防止出现"地面共振"，摆振铰上通常都还装有摆振阻尼器，称为减摆器。

由于摆振铰的存在，桨叶前行时自然增加后掠角（即所谓"滞后"，因为桨叶在旋转方向上的角速度低于圆心的旋转速度），变相增加桨叶在气流方向上截面的长度，加强了减小迎角的作用；在后行时，减摆器使桨叶恢复的正常位置（即所谓"领先"，因为桨叶在旋转方向上的角速度高于圆心的旋转速度），加强了增加迎角的作用，所以摆振铰有时也被称为领先-滞后铰。

1.3.2.5 变距铰

桨叶根部还有一个重要的铰链装置，那就是变距铰，也称轴向铰。它的作用是使桨叶绕其轴线在一定范围内偏转，实现改变其安装角，从而调整桨叶产生的升力，简单说就是实现桨叶变距运动的转动关节。

挥舞铰、摆振铰和变距铰是实现直升机控制和旋翼正常工作的关键。

1.3.2.6 其他形式

除了采取这种全铰接式（装有挥舞铰、摆振铰和变距铰）旋翼的直升机外，还有特殊的铰链——跷跷板铰链。这种铰链直接连接两边桨叶，挥舞时一边上挥，另一边强制下挥，平衡能力非常好。优点是简单、有效、使用可靠、造价极低，不过缺点是只能用于两叶桨的直升机。

1.3.2.7 操纵性

直升机旋翼旋转起来，形成一个圆盘型空间，当旋翼旋转形成的空间轴面与地面垂直，旋翼产生的升力和重力同时作用在铅垂线上，两力平衡，飞机悬停，不平衡飞机就上升或下降；当圆盘前倾时，旋翼产生的力前倾，此时的力可堪称竖直方向上和水平向前的力，竖直向上的力使飞机保持在空中，水平向前的力使飞机前行。

尾桨的作用，抵消反扭距和控制机身方向，通过调整尾部螺旋桨产生力的大小和方向，可以改变机身方向，从而实现飞机转向。

1.3.3 旋翼机的飞行原理

从外形看，旋翼机和直升机几乎一模一样，机身上方安装有大直径的旋翼，在飞行中靠旋翼的旋转产生升力。但是除去这些表面上的一致性，旋翼机和直升机却是两种完全不同的飞行器。

旋翼机实际上是一种介于直升机和飞机之间的飞行器，它除去旋翼外，还带有推进螺旋桨以提供前进的动力，有时也装有较小的机翼在飞行中提供部分升力。旋翼机的旋翼不与发动机传动系统相连，在旋翼机飞行的过程中，由前方气流吹动旋翼旋转产生升力，是被动旋转；而直升机的旋翼与发动机传动系统相连，既能产生升力，又能提供飞行的动力，是主动旋转。在飞行中，旋翼机同直升机最明显的分别为直升机的旋翼面向前倾斜，而旋翼机的旋翼则向后倾斜。

由于旋翼机的旋翼为自转式，传递到机身上的扭矩很小，因此旋翼机无须单旋翼直升机那样的尾桨，但是一般装有尾翼，以控制飞行。

有的旋翼机在起飞时，旋翼也可通过离合器同发动机连接，靠发动机带动旋转而产生升力，这样可以缩短起飞滑跑距离。等升空后再松开离合器随旋翼在空中自由旋转。旋翼机飞行时，升力主要由旋翼产生，固定机翼仅提供部分升力。有的旋翼机甚至没有固定机翼，全部升力都靠旋翼产生。

旋翼机的飞行原理和构造特点决定了它的速度慢、升限低、机动性能较差，但它也有着一些优点：①安全性较好；②振动和噪声小；③抗风能力较强。

由于旋翼机的旋翼旋转的动力是由飞行器前进而获得，如果发动机在空中停车，旋翼机仍会靠惯性继续维持前飞，并逐渐减低速度和高度，高度下降的同时，自下而上的相对气流可以维持旋翼的自转，从而提供升力。这样，旋翼机便可凭飞行员的操纵安全地滑翔降落。即使在飞行员不能操纵旋翼机（失去控制）的特殊情况下，也可以较慢速度降落，因而是比较安全性的。当然，直升机也是具备自转下降安全着陆能力的。但它的旋翼需要从有动力状态过渡到自转状态,这个过渡要损失一定高度。如果飞行高度不够,那么直升机就可能来不及过渡而触地。旋翼机本身就是在自转状态下飞行的,不需要进行过渡,所以也就没有这种安全转换所需的高度约束。

由于旋翼机的旋翼是没有动力的,因此它没有由于动力驱动旋翼系统带来的较大的振动和噪声,也就不会因这种振动和噪声而使旋翼、机体等的使用寿命缩短或增加乘员的疲劳。旋翼机动力驱动螺旋桨对结构和乘员所造成的影响显然比直升机动力驱动旋翼要小得多。另外,旋翼机还有一个很可贵的特点,就是它的着陆滑跑距离大大短于起飞滑跑距离,甚至可以不需滑跑,就地着陆。

旋翼机的抗风能力较高,而且在起飞时,风有利于旋翼的起动和加速旋转,可以缩短起飞滑跑的距离,当达到足够大的风速时,一般的旋翼机也可以垂直起飞。一般来说,旋翼机的抗风能力强于同量级的固定翼飞机,而大体与直升机的抗风能力相当,甚至"在湍流和大风中的飞行能力超出直升机的使用极限"。

旋翼机可分为两类,一类是需要滑跑起飞的,这种比较简单,大多数旋翼机属于这一类。另一类是可垂直起飞的,其起飞方法有三种:一种是带动力驱动它的旋翼;第二种是用预转旋翼并使其达到正常飞行转速的一定倍数,然后突然脱开离合器,同时使旋翼桨叶变距而得到较大的升力跳跃起飞;第三种则是由旋翼翼尖小火箭驱动旋翼旋转而提供升力来实现垂直起飞,这种垂直起飞的过程,一般是由自动程序控制来完成的。

课程思政

近年来,我国在科技领域不断实现突破创新,甚至在某些领域已经成为世界上的佼佼者。这就导致美国的科技霸主地位受到了危险,美国频繁对我国科技企业进行限制。

然而,继华为之后,美国又开始采用相同的手段对大疆展开限制。但是这次非但没有成功限制住大疆,反而让它在美国提升了价格。目前,大疆在美国的市场份额有增无减,依然是全球无人机行业的霸主。

那么,这究竟是因为什么呢?

实际上,早在2016年的时候,美国就以国家安全为由遏制我国的高科技公司所生产的产品。其中,大疆无人机也被列入禁用名单当中。然而到目前为止,大疆无人机还在美国进行使用。

在2019年年底,美国停用了800架中国制造的无人机,并且彻底禁止军方采购和使用我国的大疆无人机。甚至还表示,大疆无人机危及了"国家安全"。

所谓的涉及国家安全,实际上,就是想要限制我国高科技行业的发展。

那么,这究竟是因为什么呢?

一、大疆无人机不存在所谓的安全危险。

早在2016年的时候,美国就以国家安全为由遏制我国的高科技公司所生产的产品。其中,大疆无人机也被列入禁用名单当中。然而到目前为止,大疆无人机还在美国进行使用。

在2019年年底,美国停用了800架中国制造的无人机,并且彻底禁止军方采购和使用我国的大疆无人机,甚至还表示,大疆无人机危及了"国家安全"。

所谓的涉及国家安全，实际上就是想要限制我国高科技行业的发展。美国本土市场也有其他的无人机品牌，但是其性能和价格远远不如大疆。如果大疆真的存在安全危险的话，美国将会实施政策，全面限制大疆。美国没有全面限制大疆，就是由于未对其所谓的"国家安全"造成实质性的威胁。

二、美国离不开大疆无人机。

目前，美国的军队、消防等重要行业，都没有办法离开大疆无人机。即便是2019年，大疆被警告存在数据安全问题，美国空军安全部队也购买了17架大疆无人机。

三、自身品质过硬。

目前大疆在国际市场还没有出现对手。大疆的总经理曾对外表示，大疆无人机的每一个零部件，都是自己生产的，底层的代码也是自己研发的。

华为之所以受到美国的限制，主要原因就是由于核心技术掌握在他国手中。原以为美国如法炮制限制大疆，会对大疆造成严重的冲击，但是却并非如此。

大疆每年都会投入较多的资金来进行技术研发，这就让其将核心技术牢牢地掌握在了手中，不会受到国外的制约。在世界上，大疆并没有任何对手，并且市场规模也在不断扩大。照目前的情况来看，未来大疆的市值和市场规模还会继续增长下去。

目前大疆在国际市场还没有出现对手。大疆的总经理曾对外表示，大疆无人机的每一个零部件，都是自己生产的，底层的代码也是自己研发的。

华为之所以受到美国的限制，主要原因就是由于核心技术掌握在他国手中。原以为美国如法炮制限制大疆，会对大疆造成严重的冲击，但是却并非如此。

大疆每年都会投入较多的资金来进行技术研发，这就让其将核心技术牢牢地掌握在了手中，不会受到国外的制约。在世界上，目前大疆并没有任何对手，并且市场规模也在不断扩大，未来大疆的市值和市场规模还会继续增长下去。

课后习题

一、填空题

1. 垂直尾翼包括固定的垂直安定面和可动的_____。
2. 水平尾翼由固定的水平安定面和可动的_____组成。
3. 低速飞机上的阻力按其产生的原因不同可分为_____阻力、_____阻力、_____阻力和_____阻力。
4. 直升机的布局形式按旋翼数量和布局方式的不同可分为_____直升机、_____直升机、_____直升机和_____直升机等几种类型。

二、简述题

1. 请简单介绍无人机与航模的区别。
2. 直升机三大铰链是什么？
3. 航拍多旋翼应该选择什么样的螺旋桨合适？
4. 无人机低速飞行时，摩擦阻力是废阻力，那么摩擦减小摩擦阻力的措施有哪些？
5. 将飞行器上的碳桨更换为尼龙桨或木桨可以吗？为什么？

答 案

一、填空题

1. 方向舵；2. 升降舵；3. 摩擦、压差、诱导、干扰；4. 单旋翼带尾桨、共轴式双旋翼、纵列式双旋翼、横列式双旋翼。

二、简述题

1. （1）关于它们的相同点，主要有两点：一是两者均"机上无人"，但需人的掌控，不管是预设的或实时的，也不管是视距内或是视距外。航空模型由操纵者机外操作，而无人机定义为"不需要驾驶员登机驾驶的各式自控或遥控飞行器"。二是作为科学验证用的航空模型和无人机是相通的。

（2）不同点：

①控制方式不同。民用无人机是由控制站管理（包括远程操控或自主飞行）的航空器，无人机强调的是使用自动驾驶仪、控制数据链路或自主飞行设备；而航空模型是由人通过无线电遥控操作的一种飞行器，两者的控制方式不同。

②重量不同。民用无人机重量跨度很大，从几千克至上万千克都有，而航空模型一般重量较小，一般为几千克至十几千克，几乎没有重量一吨以上的航空模型。

③飞行范围不同。民用无人机可在视距内和视距外飞行；而航空模型几乎都在视距内飞行。

④操控人员及资质不同。无人机的操控人员包括无人机系统驾驶员、机长和观测员，部分类型无人机驾驶员或机长是需要通过行业协会组织的考试或者取得民用航空器驾驶员执照；航空模型操控人员一般仅为一人，无机长和观测员，操控人员资质尚无法律要求，仅有中国航空运动协会制定的一个试行技术等级标准，这个试行技术等级标准无法律强制力。

⑤用途不同。民用无人机的用途很广泛，民用无人机用途可以是家用、商用和官方作为行政执法使用，例如快递公司使用无人机快递包裹；航空模型用途较为单一，仅仅是娱乐或体育运动。

⑥适用法律和管理机关不同。民用无人机适用的法律是航空法，民用无人机的管理机关是民航局和行业协会。航空模型适用的法律是体育法，具体是由国家体育总局管理。

需要注意的是航空模型使用自动驾驶仪、指令与控制数据链路或自主飞行设备时，这种条件下的航空模型被视为民用无人机。

2. 变距铰、挥舞铰、摆阵铰。

3. 用于航拍的多旋翼飞行器，尤其要注意选择质量优良，动静平衡过关的产品。动静平衡不过关的产品，会让航拍画面毫无意义。而大负载的场合，进口木桨和碳桨几乎是必选的。塑料自紧桨在400 mm 轴距以下的小尺度多旋翼上经常采用，因注塑质量差异巨大，需谨慎选择。

4. ①机翼采用层流翼型；

②在机翼表面安装一些气动装置，不断向附面层输入能量；

③保持机体表面的光滑清洁；

④尽量减小机体与气流的接触面积。

5. 由于物理惯性，加之电调直驱调速本来就存在滞后，所以如果桨太重，在多轴上就会表现为调速响应不及时，重桨只能被迫选用更低的飞控感度，使稳定性下降。轻巧的碳纤桨则可在高效提供升力同时，及时完成电调加减速响应，高感度飞行抗风更佳、姿态更稳定。一般的飞控说明书中很少提到螺旋桨重量与感度响应的关系。以至于多旋翼驾驶员们由较轻碳桨更换为较重尼龙或木桨时，依旧使用以前的高感度飞行。起飞后由于桨惯性大大增加，动力系统无法及时响应飞控输出，飞控又对电调持续输出修正信号使之产生严重的自激振荡，酿成飞行事故。所以，如果自行更换螺旋桨，尤其是更换更大尺寸的，建议先恢复飞控默认感度或调低感度试飞，无自激情况再逐步增加感度，直至姿态稳定。也就是说非同规格桨替换，绝大部分情况都需要调整飞控感度。实际作业时，选择小一寸的螺旋桨，高转速、低惯性输出，在牺牲一点航时的前提下，往往会带来更平稳的飞行。

第 2 章　多旋翼无人机设计

要想更深入地了解多旋翼飞行器,就得知道它们是怎么设计和研制出来的。作为行业级或消费级产品,研制的流程比较多,本书只从几个方面简单介绍一下总体参数的设计。

2.1　总体参数设计

要想研制一款多旋翼,无论是为了开拓市场,还是为了完成客户与领导的要求,当设计开始时,首先会想到的是要设计这个干什么用,也就是搭载什么任务载荷;还要想到要做多大尺寸的飞行器,以及能完成飞行目的的续航时间。

任务设备重量、总重量、航时这三方面在现阶段技术条件下是设计电动多旋翼最关键的三个基本参数。其他诸如飞多快、用几旋翼、装什么设备、用什么桨,和这三个方面相比都是可以放到具体设计里去做的事情。

$W_{任务}$、$W_{总}$、h 这三个基本参数是相互约束的,本节我们用公式来推导出这三者的关系,供大家在未来设计多旋翼产品以及爱好者攒多旋翼飞行器作为基本参考。

2.1.1　多旋翼各部分重量

多旋翼起飞重量即总重量,可表示为

$$W_{总} = W_{结构} + W_{动力} + W_{电池} + W_{航电} + W_{任务} \tag{2-1}$$

$W_{结构}$ 是多旋翼结构重量,即机架、支臂、脚架、机械连接件等的重量,可表示为

$$W_{结构} = f_{结构} \times W_{总} = 0.2\ W_{总} \tag{2-2}$$

$f_{结构}$ 为结构重量系数,对于一般的超轻型与微型多旋翼,采用复合材料夹心模具铺层工艺的可取 0.1~0.2,采用碳纤板管材切割组装工艺的可取 0.2~0.3,采用塑胶模具注塑工艺的可取 0.3~0.4。此处我们取 0.2。

严格来说,即使知道工艺,$f_{结构}$ 也是个变化量,多旋翼变大这个系数会稍稍变小,多旋翼变小这个系数会稍稍变大,这就是感觉多旋翼越大,结构越有效率,越相对轻的原因。同时诸如边框或折叠的设计都是增加结构复杂度而使这个系数变大。

$W_{动力}$是多旋翼动力系统、桨、电机、电调、连线等的重量,不包括动力电池,可表示为

$$W_{动力} = f_{动力} \times W_{总} = 0.2 W_{总} \tag{2-3}$$

$f_{动力}$为动力系统重量系数,对于一般的超轻型与微型多旋翼,可取 0.2,想要轻一点,采购价格可能就会贵一点。同样$f_{动力}$严格来说也是个变化量,多旋翼越大这个系数会稍稍变大,多旋翼越小这个系数会稍稍变小。比如对于非常小的多旋翼,桨、电机、电调、连线就占不了什么重量了,重量基本都是架子和电池;而对于大个的多旋翼电机相对会很重,动力线也很粗很重。

$W_{航电}$是多旋翼飞控、RC 接收机、机载数传或机载 Wi-Fi 模块等的重量

$$W_{航电} = 0.3 \text{ kg} \tag{2-4}$$

对于一般的在较近半径内作业的超轻型与微型多旋翼,不管设备的品牌与价格有何不同,总的重量基本都会在 200~300 g,此处我们使用 300 g 计算。

整理式(2-1)~式(2-4),暂时可以得到总重、电池重、任务设备重的关系

$$W_{总} = \frac{W_{电池} + W_{任务} + 0.3}{0.6} \tag{2-5}$$

2.1.2 整机功重比

多旋翼的大发展与外转子无刷电机在中国的技术进步是分不开的,按现有水平,各大电机厂商都给出了不同型号电机的搭配理想螺旋桨后的效率表。大多数的电机在 3~5 A 的电流下效率最高。经测试数据的整理,一般作业飞行的多旋翼在巡航重效率基本保持在 8 g/W 或以上。多旋翼悬停中拉力等于重力,8 g/W 的经验数据已包含了电调、螺旋桨、电缆、接头以及多旋翼姿态变换下的拉力分量等衰减因素。将其倒过来就变成了:

$$\frac{P_{总}}{W_{总}} = \frac{1}{8}\left(\frac{\text{W}}{\text{g}}\right) = 0.125\left(\frac{\text{W}}{\text{g}}\right) = 125\left(\frac{\text{W}}{\text{kg}}\right)$$

$$P_{总} = 125 W_{总} \tag{2-6}$$

$\frac{P_{总}}{W_{总}}$就是整机的功率重量比,$\frac{P_{总}}{W_{总}} = 125$ 代表 1 kg 的多旋翼重量需要 125 W 的电机功率才能带起来。式中斜体字代表变量,正体字代表单位,例如 W 是指不确定的重量,W 指功率单位瓦特。

2.1.3 锂聚合物电池能量密度

多旋翼使用的动力电池基本都是高倍率锂聚合物电池。电池的性质进步很快,以 2015 年下半年采购的典型电池(6 S、16000 mA·h、15 C、1964 g)为例,则它的能量重量比(为方便计算,时间单位:h)

$$\frac{P_{总} h}{W_{电池}} = 180\left(\frac{\text{Wh}}{\text{kg}}\right) = 180$$

$$W_{电池} = \frac{P_{总}h}{180} \quad (2\text{-}7)$$

将式（2-6）代入式（2-7），得

$$W_{电池} = 0.694 W_{总} h \quad (2\text{-}8)$$

2.1.4 载重、航时、总重相互关系计算

将式（2-8）代入式（2-5），就能知道任务重量、航时和总重的关系

$$W_{总} = \frac{W_{任务}+0.3}{0.6-0.694h} \quad (2\text{-}9)$$

例1 要做一款搭载佳能5DⅡ及3轴稳定云台，飞行时间为0.5 h的多旋翼，那么需要多大的飞行器？

相机云台接线总共2 kg，$W_{任务}=2$；航时 0.5 h，$h=0.5$；代入式（2-9）得

$$W_{总} = \frac{2+0.3}{0.6-0.694 \times 0.5} = \frac{2.3}{0.253} = 9.09 \text{ kg}$$

换个思路，在现有工艺和技术条件下让这个航拍机续航时间延长，飞 45 min 需要做多大，$W_{任务}=2$；航时 45 min，$h=0.75$；代入式（2-9），得 29 kg。显然是不行的，这是因为想要又载重又飞得久，是很难两全其美的，这也是我们不遗余力开发汽油发动机混动多旋翼和系留式多旋翼的原因。是不是纯电就飞不长呢，也不是，这需要我们改善加工工艺把机体做轻同时使用更轻量的电机、电调、桨，假设把结构重量系数 $f_{结构}$ 做到了 0.1，把动力系统重量系数 $f_{动力}$ 控制在 0.15。这时再计算载重 2 kg 飞 45 min，得出机重 10 kg。由此可以得出结论，想要载重不变，增加航时，机体减重可能比增加电池效果更好。

例2 想要做一个加上5 kg药后总重10 kg的植保机，求解能飞多久？

把式（2-9）变形，得

$$h = \frac{0.6 - \dfrac{W_{任务}+0.3}{W_{总}}}{0.694} \quad (2\text{-}10)$$

所以 $W_{总}=10$，$W_{任务}=5$，求解 h；代入式（2-10），得

$$h = \frac{0.6 - \dfrac{W_{任务}+0.3}{W_{总}}}{0.694} = \frac{0.6 - \dfrac{5.3}{10}}{0.694} = 0.1 \text{ h} = 6 \text{ min}$$

上式时间太短，想要延长时间，只有想方法把结构重量系数 $f_{结构}$ 做到 0.1，把动力系数 $f_{动力}$ 控制在 0.15。这时再计算 10 kg 总重 5 kg 药飞多长时间，得 19 min。看来机体和动力轻对植保机的影响更大。需要注意一点，由于药量在逐渐减少，6 min 那个实际可能是 8~9 min；19 分钟可能实际是 22~23 min，为叙述方便，我们就不推导更复杂的公式了。

例3 结构重量系数 $f_{结构}=0.1$，动力系统重量系数 $f_{动力}=0.15$ 的 10 kg 裸机能飞多久？

所以 $W_{总}=10$，$W_{任务}=0$；求解 h；代入式（2-10），得

$$h = \frac{0.75 - \dfrac{W_{任务}+0.3}{W_{总}}}{0.694} = \frac{0.75 - \dfrac{0.3}{10}}{0.694} = 1.04 \text{ h} = 1 \text{ h} 2 \text{ min}$$

由此看出，纯电的多旋翼飞过 1 h 也不难。

2.2 飞行平台的设计

2.2.1 平台气动布局选择（动力分摊）

继续使用上面例 1 的例子，设计一款搭载佳能 5D Ⅱ 及 3 轴稳定云台，飞行时间 0.5 h 的多旋翼。

上一节已经根据总体设计的式（2-9），计算出多旋翼起飞重量为 9.09 kg。即巡航状态下，动力系统的总拉力为 9090 g。

根据式（2-6）$P_总 = 125W_总 = 125 \times 9.09 = 1136$ W，得知动力系统巡航总功率为 1136 W。

这时我们开始气动布局和机构形式的选择。

气动布局上分别看 X 形 4 旋翼和 X 形 6 旋翼的情况。如果是 4 旋翼，每个动力轴巡航拉力为 2273 g，功率为 284 W；如果是 6 旋翼，每个动力轴巡航拉力为 1515 g，功率为 189 W。结构形式如果是无边框常规，则机构可能会很轻，结构重量系数可能会低于预计的 0.2，也就是飞行性能会比设定的要好；结构形式如果自动整体变形式，为产品有卖点，则可能会牺牲一点结构重量，结构重量系数可能会高于预计的 0.2，也就是飞行性能会比设定的差一些。气动和结构具体选择谁，从以下几点考虑。

（1）产品使用特殊性，比如必须用 4 旋翼。
（2）要气动效率、结构效率选 4 旋翼。
（3）要飞行稳定度、动力系统冗余能力选 6 旋翼。
（4）复合材料夹芯工艺选 4 旋翼。
（5）板材切割组装工艺选 6 旋翼。
（6）外形尺寸限制不高选 4 旋翼。
（7）外形尺寸不能过大选 6 旋翼。

2.2.2 动力组选型

假如最终选择了 4 旋翼，得到：总巡航拉力为 9090 g，总巡航功率为 1136 W。每个动力轴的巡航拉力为 2273 g，巡航功率为 284 W。

2.2.2.1 先看总巡航功率

1136 W 的功率可以用 4S14.8 V 电压和 76.8 A 的总巡航电流来实现，也可用 12S44.4 V 电压和 25.6 A 的总巡航电流来实现。有条件的话，选择后者。因为像高压输电线原理一样，电压高，电流小，电缆接头等浪费的电能 I^2R 就小，而且电缆可以细得多也轻得多。

2.2.2.2 再看每个支臂上的功率

现在要做的是找一个桨、电机、电调的搭配，让这个动力组在其支臂动力电流乘以电压等于 284 W 时，拉力达到或超过 2273 g。

此处是选择一个动力组，而不是单独选择桨、电机、电调，因为即使分别选用了最贵的桨、电机、电调，它们搭配起来也未必是最合适的。

一般选择 50%或以上动力冗余的螺旋桨与电机配置，因为多旋翼拉力除了用于悬停，还要用水平分力来实现稳定与操纵，并且 6、8 旋翼还要在部分动力组失效的情况下，提高正常组功率。所以

$$L_{最大} = (1+\alpha) L_{巡航} \tag{2-11}$$

式中：α——安全裕量，即动力冗余。机动性要求高的会选择很大的 α，如 2、3；机动性能要求低的会选择较小的 α，如 0.3、0.5。本例中选择 0.5

$$L_{最大} = (1+\alpha) L_{巡航} = 0.5 L_{巡航} \tag{2-12}$$

所以每个动力轴的最大拉力为 3410 g，最大功率约为 426 W。如果不考虑电调与电缆的效率衰减，要寻找的是一台最大功率为 426 W 并在 284 W 有较大功率的电机，再寻找一个合适的桨，使 284 W 时达到或超过 2273 g 拉力，之后再寻找一个合适的电调，动力组就配好了。

2.2.3 平台重要尺寸的确定

多旋翼平台尺寸有大有小，有高有矮。影响尺寸核心的几个参数：①以动力电池为首的大尺寸机载物品体积、重量。②旋翼数量与桨径。③任务设备体积。

继续使用例 1 的例子，要设计一款搭载佳能 5D Ⅱ及 3 轴稳定云台，飞行时间 0.5 h 的多旋翼。动力选型时选择了巡航功率为 284 W 的 6515 电机，配 20×7 in（桨径为 508 mm）螺旋桨。电池选择了 10 C、12 S、12800 mA·h 的动力电池，其体积为 200 mm×100 mm×70 mm。另外采购佳能 5D Ⅱ及 3 轴稳定云台，总高度为 250 mm，回转直径为 300 mm。

以动力电池为首的大尺寸机载物品体积、重量，决定了不包括支臂的机架本体尺寸最小体积。此处选取直径为 300 mm，高为 150 mm。

旋翼数量与桨径，由它们决定多旋翼的水平尺寸，决定支臂的长短。此处取轴距为 1 m，支臂长度为 350 mm。

任务设备体积决定了脚架的尺寸与样式。此处取脚架最小间距为 340 mm，脚架离地高度为 300 mm。

2.3 4 旋翼无人机三维建模

整个无人机系统仿真的结构如图 2-1 所示，主要包括仿真模块、飞行数据模块、通信

模块、飞机模型库、纹理材质库等。

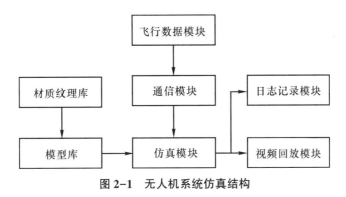

图 2-1 无人机系统仿真结构

无人机仿真系统的核心模块，一般使用高级程序语言（如 C++）编写，也可以直接调用第三方三维可视仿真软件实现。仿真模块主要完成以下功能。

（1）接收通信模块传来的飞行数据。

（2）从模型库导入飞行器模型、场景模型、声音模型，并对飞行器进行姿态和位置调整。

（3）驱动飞行器模型按照飞行数据在场景中进行模拟飞行。

模型库为仿真系统提供飞行模型，包括飞行器模型、场景模型、建筑物模型、声音模型等，其中飞行器模型最为重要。并从材质纹理库读取纹理介质，将纹理介质贴于飞行器或场景表面，使模型更加美观、逼真。

材质纹理库为模型库中的各种模型的表面提供纹理介质，主要起美化作用。

飞行数据模块中的数据可以来自实时的飞行数据，也可以来自飞行动力学模型的模拟数据（如使用 Matlab/Simulink 构建动力学模型进行模拟），或者离线的外部数据。

通信模块负责飞行数据与仿真模块之间的通信，一般使用 socket 编程实现，飞行数据模块作为客户端，仿真模块作为服务端。在数据链路层还可以使用循环冗余校验码对飞行数据进行检验。

2.3.1 SolidWorks 建立简易多旋翼无人机模型

SolidWorks 不仅是一款功能强大的 CAD 软件，还允许以插件的形式将其他功能模块嵌入到主功能模块中。因此，SolidWorks 具有在同一平台上实现 CAD/CAE/CAM 三位一体的功能。目前，SolidWorks 已成为国际领先的主流三维 CAD 设计软件。

2.3.2 SolidWorks 建模方式

在 SolidWorks 中三维建模时都首先需要在一个选定的平面上绘制平面图形。该选定的平面称作"基准面"，在 SolidWorks 中软件会自动生成 3 个系统默认的基准面，分别为前视基准面、上视基准面和左视基准面，除此以外，还可以通过用户自定义使任意一个平面成为新的基准面。在基准面上完成平面图形的绘制后可对该图形添加三维特征即可使其具有相应的三维特征。例如对一个平面圆添加"拉伸凸台"特征即可使该圆变为圆柱。圆柱模型的建立如图 2-2 所示。

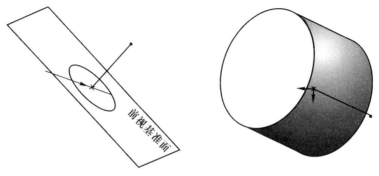

图 2-2 圆柱模型

建模须首先建立飞机的机身模型并以此作为后续零件的参照物。机身模型的建立可按照如下几步完成：

（1）在以原点为圆心的前视基准面上作圆。

（2）在前视基准面前后的合适距离建立两个与之平行的基准面，在两个基准面上分别作圆（要求前后三个圆的圆心处于同一直线上）。前后两个圆分别作为飞机的机头和机尾，故三个圆的半径大小从前到后应大致满足较大、最大、较小的规律。

（3）在圆绘制完成后可通过在前后两个圆之间添加"放样凸台"特征使之具有立体效果。

（4）在前后两个圆上添加圆角特征使之更加形象生动。

机身模型的建立完成后如图 2-3 所示。

图 2-3 机身模型

机身制作好后即可建立飞行器的机翼与尾翼。在右视基准面的合适位置绘制机翼和尾翼的轮廓，绘制完成后通过添加"拉伸凸台"特征使机翼从机身内部左右对称的延伸出适当的长度。建立机翼与尾翼的模型如图 2-4 和图 2-5 所示。

图 2-4　机翼模型

图 2-5　尾翼模型

为提高模型的真实感需将机身的腹部切除，该过程可在前视基准面上绘制矩形，并用此矩形对机身进行"拉伸切除"操作，如图 2-6 所示。

图 2-6　简易模型建立

课程思政

近年来在全球瞩目的几个武装冲突中，无人机出现的频率开始越来越高。首先是美国在伊拉克巴格达机场利用无人机刺杀了伊朗军事领袖苏莱曼尼，然后是在 2020 年，亚美尼亚与阿塞拜疆的纳卡战争中，阿塞拜疆利用无人机多次对亚美尼亚的装甲部队的打击直接影响了整个战局。我们看多了歼 20，歼 31，那么中国的无人攻击机怎么样呢？

由于中国在无人机领域的研究起步与西方同步，所以我国的无人机技术一直都处在世界的最前沿。我国的军用无人机不仅仅技术领先，而且相较于欧美各国的无人攻击机，那是绝对的物美价廉。在外销市场上，中国的无人攻击机也是遥遥领先同类产品。

目前我国空军现役的无人攻击机主要有五款：

（1）彩虹 4 无人战斗机（1-46）

彩虹 4 是一款中距离侦查打击一体机，续航时间为 40 小时，最远航程为 3500 千米。有 4 个武器外挂，可搭载 2 枚空地导弹，2 枚卫星制导炸弹。控制系统采用了高精度四合一光电感测器，合成孔径雷达，定位系统选用了中国的北斗卫星定位系统。

彩虹 4 在 2014 年的上合组织军演中第一次亮相，亮相后便吸引了世界各国的关注。沙特阿拉伯甚至不惜重金直接引进了全套技术和生产线。在沙特阿拉伯与也门胡赛武装的冲突中，彩虹 4 是沙特阿拉伯的主要武器。曾有视频显示一架彩虹 4 利用空地导弹直接摧毁了一辆俄制 T-72 坦克。

图 1-46 彩虹 4 无人作战飞机

除沙特以外,埃及与伊拉克也相继引进了彩虹 4 无人机,并且在实战中均有所斩获。

(2) 彩虹-5 无人战斗机(图 1-47)

图 1-47 彩虹 5 无人作战飞机

彩虹 5 是基于彩虹 4 的基础研制的一款中远途无人侦查攻击一体机。彩虹 5 改进型的最高续航时间可以达到 120 小时,最大飞行距离可以超过 1 万千米。最多可挂载 16 枚空地导弹。雷达方面选用了合成孔径相控阵对地雷达。整体布局类似于美国的"捕食者"无人攻击机,但整体技术完胜"捕食者",但价格却只有"捕食者"的一半不到。

目前除中国空军以外,埃及空军也引进了这款无人机。

(3) 翼龙-1 无人机(图 1-48)

图 1-48 翼龙 1 无人机

翼龙1为军民两用无人机，可执行监视、侦查、电子对抗及对地攻击等任务，在维稳、反恐和边境巡逻等方面发挥用途；也可应用于灾情监视、大气研究及气象观测、地质勘探及土地测绘、环境保护、农药喷洒和森林防火、缉毒走私等民用及科学研究等领域。国际上同类无人机中，翼龙无人机处于先进水平。其总体性能及用途与中国航天科技集团研制的彩虹4无人机、美国通用原子技术公司研制的MQ-1捕食者无人攻击机等相似，但侧重点有所不同。

截至目前翼龙1总飞行时间超过了1万小时，发射实弹上千枚。

截至目前除中国人民解放军以外，共有：埃及、哈萨克斯坦、尼日利亚、阿联酋、乌兹别克斯坦、印度尼西亚、塞尔维亚、吉尔吉斯斯坦、巴基斯坦十个国家的空军装备了翼龙1无人机。

（4）翼龙2中空长航时无人机（图1-49）

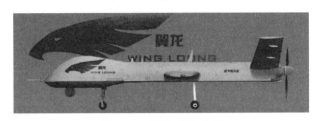

图1-49　翼龙2无人机

翼龙2中空长航时无人机是翼龙1的放大版，机身更长，翼展更宽。翼龙2中空长航时无人机机身细长、配有V形尾翼和腹鳍。该飞行器采用可伸缩起落架，包括机身下方的两个主轮和机头下方的一个单轮。每个机翼下都有三个挂载点，可以携带炸弹、火箭弹或空对地导弹。一个位于机身顶部前表面的卫星通信天线提供无人机和地面站之间的远程数据传输。

基于翼龙1的成功，翼龙2早在设计阶段就获得了大量海外的订单。并且在服役后很快活跃在世界各地的武装冲突之中。在2020年亚美尼亚与阿塞拜疆的纳卡战争中大显神威的土耳其无人战斗机，在利比亚战场上完全被翼龙2秒杀。得到阿联酋援助翼龙2无人机的利比亚国民军几乎拿下利比亚全境。而他们对手所装备的土耳其无人机，很多还没来得及起飞便被翼龙2无人机所摧毁。

目前翼龙2除中国人民解放军空军以外，应急管理部也装备了翼龙2H应急救灾无人机。2021年河南遭遇暴雨袭击，部分地区通信中断，应急管理部便派遣搭载通信平台的翼龙2H前往河南灾区上空提空通信服务，并进行灾情侦查。为救灾提供了极大的便利。

在海外共有沙特阿拉伯、阿联酋、巴基斯坦、利比亚国民军（由阿联酋购买自中国进行提供）四个国家或组织装备了翼龙2无人机。

（5）攻击11(又名：利剑无人机) 无人战斗机（图1-50）

攻击11在2013年11月首飞，使中国成为继美、英、法之后第四个成功完成专用无人战斗机的国家。

攻击11是一款隐形无人战斗机，从外观上看与美国的B-2隐形战略轰炸机类似。虽然在2019年的70周年国庆阅兵上被公开，但其具体的参数官方至今没有直接公开。仅能从2017年12月底一款中航工业内部员工福利社推出的利剑纪念模型照片出现于网上，该

图 1-50 攻击 11 无人战斗机

款模型有真实利剑的所有外观细节，可看出最终版的尾喷口做了隐身化处理，显示之前实飞照片出现的是一种试验机，同时下方有两个弹舱，一边挂载了 4 枚小型卫星引导炸弹另一边是一枚大型卫星引导滑翔炸弹，弹舱门和许多机身接缝处有锯齿状隐身处理。

课后习题

一、填空题

1. 多旋翼无人机起飞重量即总重量由_____、_____、_____、_____、_____组成。

2. 大多数的电机在 3 A~5 A 的电流下效率是最高的。经测试数据的整理，一般作业飞行的多旋翼在巡航中效率基本保持在_____或以上。

3. 多旋翼无人机结构材料通常选用_____、_____、_____。

4. 动力组选型时，有条件一般会选择电压_____，电流_____，电缆接头等浪费的电能 I^2R 就_____，而且电缆可以_____。

5. 一般选择_____动力冗余的螺旋桨与电机配置，因为多旋翼拉力除了用于悬停，还要用水平分力来实现稳定与操纵。

二、简述题

1. 设计电动多旋翼无人机最关键的三个基本参数是什么，三者之间有什么关系？
2. 整机的功率重量比是如何计算出来的，此参数代表了什么意义？
3. 若锂聚合物的参数为 3 S，2200 mAh，20 C，重量 180 g，求它的能量重量比。
4. 如果设计出来的电动多旋翼续航时间太短，想要延长时间，可以采取什么办法？
5. 动力系统中的电调在选用的时候，一般遵循哪些选用原则？

答　案

一、填空题

1. 结构重量、动力系统重量、电池重量、航电重量、任务载荷重量。

2. 8 g/W。

3. 碳纤维、玻纤维、塑料材料。

4. 高、小、小、细得多也轻得多。

5. 50%或以上。

二、简述题

1. 电动多旋翼无人机最关键的三个基本参数是任务载荷重量、多旋翼无人机总重、航时三者之间是相互约束，关系式为

$$W_{总} = \frac{W_{任务} + 0.3}{0.6 - 0.694h}$$

2. 大多数的电机在 3 A~5 A 的电流下效率最高。经测试数据的整理，一般作业飞行的多旋翼在巡航中效率基本保持在 8 g/W 或以上。多旋翼悬停中拉力等于重力，8g/W 的经验数据已包含了电调、螺旋桨、电缆、接头以及多旋翼姿态变换下的拉力分量等衰减因素。将其倒过来就变成了整机功重比，$\frac{P_{总}}{W_{总}} = 125$ 代表每公斤的多旋翼重量需要 125 W 的电机功率才能带起来。

3. $\dfrac{P_{总}}{W_{总}} = \dfrac{3 \times 3.7 \times 2.2}{0.18} = 135.67 \dfrac{\text{Wh}}{\text{kg}}$。

4. 如果首次设计出的多旋翼无人机飞行时长太短，可返回设计阶段将结构重量系数减小，把动力系统重量系数减小。

5. 一般多旋翼选取悬停电流的 4~5 倍规格的电调使用，给电流留够充足余量，大电流的电调可以兼容用在小电流的地方，小电流电调不能超标使用。

第 3 章 无人机飞控系统

3.1 飞行控制系统

飞行控制系统,作为无人机系统中核心重要的子系统,在无人机的任务执行中,承担着诸如数据采集处理、飞行控制、自动导航、数据链路信息传输等任务。因此,飞行控制系统的性能好坏直接关系到无人机的飞行状态与品质,对任务的执行意义重大。小型无人机载荷能力有限,以及电力供应、能耗、续航能力等原因,无法采用常规质量、体积较大的高精度器件构成的飞行控制系统。通常使用的为微小型飞行控制系统。

3.1.1 飞行控制系统的发展

随着微小型飞行器的军事应用和民事应用的不断发展,微小型飞行器的测量与控制技术成为微小型无人机发展的一个重要的里程碑标志。

美国无人机飞行系统公司(UAV flight systems)主要产品有 AP 系列自动驾驶仪,曾为美国海军陆战队龙眼无人机研制飞行控制系统。控制系统的硬件中,集成了多个微机电系统(micro-electro-mechanical system,MEMS)传感器。图 3-1 所示为 AP50 及其地面控制站。

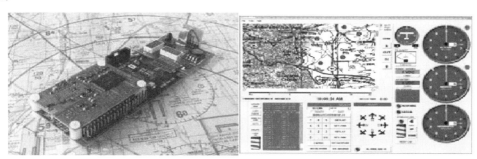

图 3-1 AP50 及其地面控制站

另外，国外开源项目有多款开源的自动驾驶仪系统，采用低成本的 MEMS 传感器件，和简单的控制回路设计，吸引了大批爱好者，并取得了较大的成功，功能甚至和商用媲美，可应用机型、翼展范围广，其可靠性还有待进一步考察。图 3-2 所示为开源飞控硬件 APM 和 Pixhawk。

图 3-2　开源飞控硬件 APM 和 Pixhawk

国内的高校中开展研究较早的为西北工业大学、北京航空航天大学、南京航空航天大学等高校，研制了多个型号的微型飞行器及自动驾驶仪，并且在民用领域有校企合作产业的开发，如北航大学的 iFLY 系列飞行管理系统等（见图 3-3）。清华大学经过多年的努力，开发了不同平台和 MEMS 传感器件的多种规格的微型测控系统（见图 3-4），并已经成功搭载试在微型飞行器上进行试飞和试用，并申报多项相关专利。

国内相似产品设计中，也都集成了高集成度的 MEMS 器件，如图 3-5 所示。

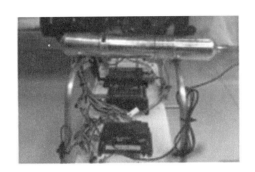

图 3-3　iFLY 系列自驾仪

图 3-4　清华大学研制的 TAP 系列自驾仪

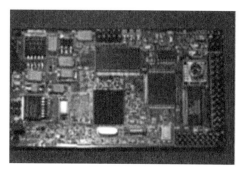 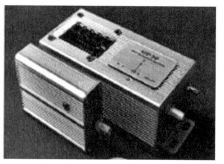

图 3-5　国产商业自驾仪 YS09 与 UP30

国内外微小型测控系统的共同特点可简要概括为：集成多种 MEMS 传感器，如陀螺仪、加速度计、磁传感器、压力传感器等，而且集成度逐渐增加，有效地降低了产品的体积重量与成本。

集成小型 GPS 接收模块，可扩展格洛纳斯（GLONASS）、北斗（BEIDOU）组合导航，甚至可以扩展差分 GPS 信号、SBAS 信号，多种定位方式的使用确保导航精度。

采用微处理器运行控制算法，实现稳定控制、高度保持、速度控制、导航控制等功能，具备手动、半自主、自主等多种操作控制方式，并提供相应的地面控制系统（ground control station, GCS）支持；预留较多的 IO 接口，实现功能的扩展升级，以及对不同任务载荷的控制；支持多种起飞、降落方式的选择，满足不同野外工作环境下的操作要求；对同一类型无人机（如固定翼）多种布局或多种类型无人机具有良好的支持，只需要软件配置。

3.1.2　飞行控制系统的基本任务

无人机飞行控制系统基本任务是完成数据采集、姿态解算以及复杂的控制任务等。系统利用多种类型的传感器，监测、反馈无人机相关状态，并根据这些信息的融合，确定系统的控制量，对无人机进行控制。系统通过可靠性高以及带宽较好的无线通信链路，进行机上信息的下载与地面指令的上传，实现数据的实时交互。

无人机飞行控制系统，通常具备不同的操纵模式。比如，手动控制模式下，操作手通过 RC 遥控方式对无人机进行操作，实现某些飞行条件如起飞降落时的操作。飞行控制系统的控制量最终任务是送到执行机构——舵机，控制各个翼面的动作，实现最佳无人机姿态、飞行航迹的控制。因此，飞行控制系统有舵机输出模块，保证舵面的正确行为。

此外，为了实现系统的任务扩展，通常预留出较多的接口，实现对任务载荷的控制，诸如对其他模拟量进行采集、航拍时对相机快门的开关操作以及伞降模式下开伞动作的执行等。

飞行控制系统硬件主要由主控芯片、各种传感器、多种数据接口等组成。在硬件特点上主要表现为以下几方面。

传感器的集成度、精度不断提高。各款微小型无人机自动驾驶仪都是较多地采用了 MEMS 传感器，从最初的单轴到现在的多轴，传感器的集成度不断提高，降低成本、体积、重量的同时也减少了器件的安装误差。传感器模拟信号输出到数字信号输出，节省了芯片的 IO 接口资源与芯片引脚，同时，对板上参考电源的设计降低了要求，提高了系统的稳定性。

主控芯片的性能愈加强悍。现在所采用的主控芯片主要为 DSP、ARM 或者采用双 CPU 架构，如双 ARM、ARM+DSP、ARM+FPGA 等，芯片的处理能力日益强大，并且具有更多的外围标准接口，如 USART、SPI、I2C、CAN、SDIO、USB 以及 AD 转换接口等。这对于扩展系统的接口设计，减少外围接口芯片非常有利。同时，采用多 CPU 的设计方案中，通过采用协处理器，发挥不同处理器的性能优势，实现功能分离，提高工作效率，甚至通过采用多 CPU 实现冗余度设计，这对飞行安全也是很有必要的。

较多的外围接口设计，鉴于日后二次开发与功能扩展，控制平台预留出较多的通用 IO 接口以及诸如 USART、SPI、I2C、CAN 等接口，这些接口的开放，对于外接其他类型的传感器，或者挂载相关的任务载荷，提高系统的扩展性能十分重要。通过以上的分析，并结合要设计完成的测控系统的功能要求以及电路设计维护的方便，将飞行测控系统按照功能进行模块划分。划分的模块可分为主控单元模块、传感器模块、电源管理模块、舵机输入输出模块、其他扩展接口模块。微小型无人机飞行控制系统的硬件设计基本结构和功能架构如图 3-6 所示。

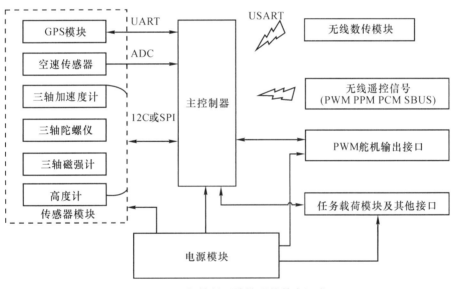

图 3-6 飞行控制系统的硬件基本组成

3.2 飞行控制软件功能模块

飞行控制软件的软件功能层主要包括为遥控遥测模块、导航模块、控制律模块和调度管理模块。遥控遥测模块可以划分为遥控任务和遥测任务；导航模块可以划分为自主导航任务、人工导航任务和指令导航任务；控制律模块可以划分为控制律解算任务。

3.2.1 遥控遥测模块

遥控遥测模块主要功能分为两部分，一方面将无人机的传感器信息、遥控指令信息、制导数据、控制律参数等重要数据通过无线链路下传至地面站，为地面站指挥人员提供数据。另一方面地面站发出遥控指令来控制干预无人机。

遥控任务主要用来接收地面站发送的遥控指令，并根据遥控指令来实现三种飞行模式的切换、飞行指令的实施等，所以遥控任务是飞行控制软件中一个重要的任务，必须保证其稳定运行。

遥测任务就是将传感器信息、遥控指令信息、制导数据、控制律参数和飞行模式等飞行状态和信息下传至地面站，用于地面站对无人机的实时监控。

3.2.2 导航模块

导航模块主要包括自主导航、指令导航和人工导航，其输入信号为无人机传感器采集到的信息或地面 Futaba 操控指令，输出为舵机控制信号。

自主导航主要包括两大功能：航线管理功能和导航制导功能。航线管理功能主要为无人机提供飞行的参考航线，使飞行控制软件根据提供的参考航线信息制定无人机飞行的制导策略。导航制导功能主要是为当前无人机提供位置偏差、高度偏差等导航信息，并通过控制律解算模块实现无人机的航迹跟踪、爬升及下滑等控制。保证无人机能按预定的航线进行自主飞行，实现对飞行航迹的有效控制。

无人机的任务航线由不同的航路点组成，每个航路点包含多项不同的属性，其中包括航点总数、航段编号、航点编号、航点经度、航点纬度、航点高度和特征字。其中航点总数定义了整个航线包含的所有航点数目，航段编号、高度和特征字代表了航段的属性，航点编号、航点经度和纬度定义了航路点自身的属性。整个航线以文本文件的形式将航路信息存储到飞行控制计算机的 FLASH 中，一条航线用一个航线数据文件定义，航路信息需要在飞行控制软件进行初始化的时候读取到数据区中。

指令导航：指令导航任务是事件触发式任务，即任务平时处于"挂起"状态。当地面监控软件发出指令导航的命令时，飞行控制软件开始接入指令导航模块。并根据地面上发出的指令，来接入不同的模态控制律，从而达到地面指挥人员操控无人机的目的。

根据地面遥控指令，执行爬升、平飞、下滑、直飞等动作，并调用相应的模态控制律来控制无人机稳定飞行。在指令导航任务中，主要分为纵向指令模态和横侧向指令模态，其中纵向包括指令爬升、指令平飞和指令下滑；横侧向包括指令左转、指令右转和指令直飞。在指令飞行模式下，指令导航任务根据地面站的不同飞行令牌进入相应的控制逻辑。在无人机进行横侧向模态切换时，指令左转和指令右转之间必须加入直飞过渡态，即无人机在横侧向处于直飞状态时才能响应指令左转或右转指令。在纵向飞行模式进行切换时，为了保证模态切换的平稳性，在指令爬升和指令下滑之间必须有一个中间过渡态，即无人机纵向处于平飞模态才能响应爬升或下滑指令。

人工导航：人工导航任务需要地面指挥人员给出飞行模式切换指令后才能激活，此时完全由地面遥控设备来操控无人机飞行。人工导航采用 Futaba 操纵杆直接控制无人机进行飞行任务。当飞行控制系统收到人工遥控指令后，飞行控制软件立即切除自主控制律，无人机的舵面直接受到地面站操纵杆的控制。在人工导航模式下，地面站将捕获到的 Futaba 遥控器中 PPM 高电平信号通过无线电台上传给无人机。无人机飞行控制软件按照 Futaba 遥控器帧格式，将 PPM 高电平信号转换成各路舵面的偏转角度，从而驱动舵机的工作。

3.2.3 调度管理模块

飞行控制系统实时接收遥控指令，并根据指令要求调用自主导航模块、指令导航模块和人工导航模块后，飞行控制与管理软件开始运作。在整个飞行控制系统运行的过程中，调度管理模块主要对各个任务进行调度，合理分配用户资源，扮演"决策者"的角色。

在飞行控制软件运行的某些阶段，调度管理模块主要通过事件触发来进行调度某些任务。如指令导航任务，以地面站发出的指令令牌为触发条件。当接收到指令时，立刻对指令导航进行调用，否则指令导航任务处于"悬挂"状态中。

调度管理模块还担任对无人机飞行模态进行切换的"决策管理"角色。当小型无人机由自主导航或指令导航切换至人工导航模式时，飞行控制软件接收到人工遥控指令信号后，管理调度模块应立刻切除控制律模块，设置舵机源为 Futaba 遥控量从而使舵面直接受到地面站操纵杆的控制。当人工导航或自主导航切换至指令导航时，飞行控制软件根据接收到的指令进入相应的飞行模态，由调度管理模块负责接入相应的控制律解算模块进行解算。当无人机由指令导航或人工导航切换至自主导航时，首先需要将无人机稳定在平飞状态后，再发送"自主导航"指令。此时调度管理模块接入相应的控制律解算模块，横侧向接入航迹跟踪控制律，纵向接入高度跟踪。

3.3 姿态解算

姿态就是指飞行器的俯仰/滚转/航向情况。在地球上，就是指飞行器在地球坐标系中的俯仰/滚转/航向情况。飞行器需要实时知道当前自己的姿态，才能够根据需要操控其接下来的动作，如保持平稳或实现翻滚。姿态是用来描述一个刚体的固连坐标系和参考坐标系之间的角位置关系，有一些数学表示方法，常见的如欧拉角、四元数、矩阵、轴角等。

地球坐标系又叫作地理坐标系，是固定不变的。正北、正东、正向上构成了这个坐标系的 X、Y、Z 轴，我们用坐标系 R 表示，见图 3-7。4 轴飞行器上固定着一个坐标系，一般称为机体坐标系，用坐标系 r 表示。那么我们就可以用欧拉角、四元数等来描述 r 和 R 的角位置关系。这就是 4 轴飞行器姿态解算的数学模型和基础。

3.3.1 姿态表示方式

姿态有多种数学表示方式，它们各自有其自身的优点，在不同的领域使用不同的表示

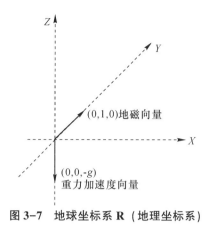

图 3-7 地球坐标系 R（地理坐标系）

方式。在 4 轴飞行器中使用到了四元数和欧拉角。Crazepony 开源 4 轴飞行器也是一样的。

3.3.2 四元数

四元数是由爱尔兰数学家威廉·卢云·哈密顿在 1843 年发现的数学概念。从明确的角度而言，四元数是复数的不可交换延伸。如把四元数的集合考虑成多维实数空间的话，四元数就代表着一个四维空间，相对于复数为二维空间。

四元数大量用于电脑绘图（及相关的图像分析）上表示三维物件的旋转及方位。四元数亦见于控制论、信号处理、姿态控制、物理和轨道力学，都是用来表示旋转和方位。相对于另几种旋转表示法（矩阵、欧拉角、轴角），四元数具有某些方面的优势，如速度更快、提供平滑插值、有效避免万向锁问题、存储空间较小等。

3.1.3 欧拉角

把刚体的旋转分解为三个轴上的旋转，这个旋转的角度就是欧拉角。莱昂哈德·欧拉用欧拉角来描述刚体在三维欧几里得空间的取向。对于在三维空间里的一个参考系，任何坐标系的取向，都可以用三个欧拉角来表现。参考系又称为实验室参考系，是静止不动的。而坐标系则固定于刚体，随着刚体的旋转而旋转，如图 3-8 所示。

欧拉角是基于飞机本身轴旋转得到的，但得到的姿态角却是对于参考坐标系而说的，所以两者不是一回事。现在说的飞机都是近地表附近飞行，所以习惯拿地球作为参考系，飞机总是在一点起飞在另一点降落。所以规定地理方位东、北、天为参考初始点，也即飞机头朝北水平放置时载体坐标系和参考坐标系是重合的。飞机绕轴旋转 30°，这个旋转的欧拉角就是通常所说的 Yaw，同样，绕飞机的 X 轴旋转 30°，得到 Pitch，绕飞机 Y 轴旋转得到 Roll。

下面通过图 3-9 来看看欧拉角是如何产生的，并且分别对应哪个角度。

3.3.4 姿态解算

姿态解算需要解决的是无人机飞行器在地球坐标系中的姿态。

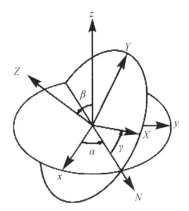

图 3-8　zxz 序规欧拉角

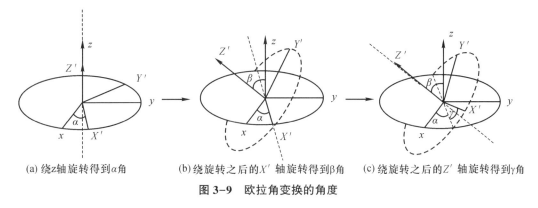

(a) 绕z轴旋转得到α角　　(b) 绕旋转之后的 X′ 轴旋转得到β角　　(c) 绕旋转之后的 Z′ 轴旋转得到γ角

图 3-9　欧拉角变换的角度

姿态解算的英文是 attitude algorithm，也叫姿态分析、姿态估计、姿态融合。姿态解算是指根据 IMU 数据（陀螺仪、加速度计、罗盘等）求解出飞行器的空中姿态，所以也叫作 IMU 数据融合（IMU data fusing）。

3.3.5　角位置关系测量

如上所说，地球坐标系 R 是固定的。4 轴飞行器上固定一个坐标系 r，这个坐标系 r 在坐标系 R 中运动。那么如何知道坐标系 r 和坐标系 R 的角位置关系呢？也就是怎么知道飞行器相对于地球这个固定坐标系 R 是转动了一下航向，正是侧翻了一下机身，又或是掉头下栽了呢？这就是传感器需要测量的数据，传感器包括陀螺仪、加速度计、磁力计。通过获得这些测量数据，即可得到坐标系 r 和坐标系 R 的角位置关系。

3.3.6　惯性测量模块

IMU（inertial measurement unit），提供飞行器在空间姿态的传感器原始数据，一般由陀螺仪传感器/加速度传感器/电子罗盘提供飞行器 9DOF 数据。

飞行器根据陀螺仪的三轴角速度对时间积分得到的俯仰/滚转/航向角，这是快速解算。快速解算得到的姿态是存在误差的，而且误差会累加，如果再结合三轴地磁和三轴加速度数据进行校正，得到准确的姿态，这就是深度解算。当然，快速解算的姿态一般是不能够用于控制飞行器的，因为误差太大。我们一般说的姿态解算就是深度解算。

3.3.7　四元数和欧拉角在姿态解算中如何使用

姿态解算的核心在于旋转，一般旋转有 4 种表示方式：矩阵表示、欧拉角表示、轴角表示和四元数表示。矩阵表示适合变换向量，欧拉角表示最直观，轴角表示则适合几何推导，而在组合旋转方面，四元数表示最佳。因为姿态解算需要频繁组合旋转和用旋转变换向量，所以采用四元数保存飞行器的姿态。

3.3.8　关于 X-Plane 模拟

关于 APM 飞控使用 X-Plane 进行模拟飞行的原理，其实是利用 X-Plane 的网络对战功能。因为只有网络对战的时候，X-Plane 才会向外界输出飞机当前经纬度、飞机姿态、空速等数据信息。APM 飞控进行 X-Plane 模拟时需要设置网络端口和进行输出数据设定也证实了这点。X-Plane 可以模拟飞机型号、飞行参数、飞行环境等对飞机飞行的影响。从飞机型号就可以选择从战斗机、民航机到航模等各种不同飞机的选择。可以模拟飞机燃油、重心、重量的变化。最重要的，它可以模拟外界环境对飞行的影响。可以设定高空、中空、低空的风速和风向。可以设定海平面气压和温度。此外 X-Plane 还可录下飞行时的数据，可以供以后从各个角度观察飞行情况，察看飞行数据。

X-Plane 上模拟其实就是让 APM 系统通过网络端口接受飞行数据，飞控根据飞行数据结算出需要的控制操作，再输入 X-Plane 控制飞机。由于 X-Plane 提供了非常接近真实飞机的模拟，所以 X-Plane 模拟飞行在用于飞控系统的调试时非常省时省力。

3.4　无人机姿态控制

3.4.1　PID 控制原理和特点

工程实际中，应用最为广泛的调节器控制规律为比例、积分、微分控制，简称 PID 控制，又称 PID 调节。PID 控制器问世以来，以其结构简单、稳定性好、工作可靠、调整方便而成为工业控制主要技术之一。当被控对象结构和参数不能完全掌握，得不到精确数学模型时，或控制理论其他技术难以采用时，系统控制器结构和参数必须依靠经验和现场调试来确定，这时应用 PID 控制技术最为方便。即当我们不完全了解一个系统和被控对象，或不能有效测量手段来获系统参数时，最适合用 PID 控制技术。PID 控制，实际中也有 PI 和 PD 控制。PID 控制器就是根据系统误差，利用比例、积分、微分计算出控制量进行控制。

自动控制系统的特点如下。

(1) 稳定性（P 和 I 降低系统稳定性，D 提高系统稳定性）：在平衡状态下，系统受到某个干扰后，经过一段时间其被控量可以达到某一稳定状态。

(2) 准确性（P 和 I 提高稳态精度，D 无作用）：系统处于稳态时，其稳态误差；快速性（P 和 D 提高响应速度，I 降低响应速度）；系统对动态响应的要求。一般由过渡时间的长短来衡量。

(3) 动态特性（暂态特性，由于系统惯性引起）：系统突加给定量（或者负载突然变化）时，其系统输出的动态响应曲线，包括延迟时间、上升时间、峰值时间、调节时间、超调量和振荡次数。在通常情况下，上升时间和峰值时间用来评价系统的响应速度；超调量用来评价系统的阻尼程度；调节时间同时反应响应速度和阻尼程度；

(4) 稳态特性：在参考信号输出下，经过无穷时间，其系统输出与参考信号的误差。影响因素包括系统结构、参数和输入量的形式等。

3.4.2　PID 控制方法

在了解 PID 以及其公式含义之前，先了解一下几个常用的术语符号含义：

$u(t)$——控制器的输出值；

$e(t)$——控制器输入与设定值之间的误差；

K_p——比例系数；

K_i——积分系数；

K_d——微分系数；

dt——调节周期；

SP——需要调节的目标值。

PID 一般有两种：位量式 PID 和增量式 PID。在小车里一般用增量式 PID 控制，在无人机上一般使用位量式 PID 控制，为什么呢？位量式 PID 的输出与过去的所有状态有关，计算时要对 $e(t)$（每一次的控制误差）进行累加，这个计算量非常大，对于小车来说没有必要，但是对于无人机来说需要关注过去的姿态来纠正现在的姿态。而且小车的 PID 控制器的输出并不是绝对数值，而是一个 Δ，代表增多少，减多少。换句话说，通过增量式 PID 算法，每次输出是 PWM 要增加多少或者减小多少，而不是 PWM 的实际值；通过位量式 PID 算法每次输出的是 PWM 的实际输出量。

(1) 比例控制（P）。比例控制是最常用的控制手段之一，比方说我们控制一个加热器恒温100℃，当开始加热时，离目标温度相差比较远，这时我们通常会加大加热力度，使温度快速上升，当温度超过100℃时，则关闭输出（加热），通常会使用这样一个函数

$$e(t) = \text{SP} - y(t) \tag{3-1}$$

$$u(t) = e(t) * K_p \tag{3-2}$$

式中：SP——设定值；

　　　$e(t)$——误差值；

　　　$y(t)$——反馈值；

$u(t)$——输出值；

K_p——比例系数。

滞后性不是很大的控制对象使用比例控制方式就可以满足控制要求，但很多被控对象中因为有滞后性，我们也称之为"惯量"较大的系统。也就是如果设定温度是200℃，当采用比例方式控制时，如果K_p选择比较大，则会出现当温度达到200℃输出为0后，温度仍然会止不住的向上爬升，比方说升至230℃，当温度超过200℃太多后又开始回落，尽管这时输出开始出力加热，但温度仍然会向下跌落一定的温度才会止跌回升，比方说降至170℃，最后整个系统会稳定在一定的范围内进行振荡。

所以总结来说，具有P控制的系统，其稳态误差可通过P控制器的增益K_p来调整：K_p越大，稳态误差越小；反之，稳态误差越大。但是K_p越大，其系统的稳定性会降低。由式（3-2）所示，控制器的输出$u(t)$与输入误差信号$e(t)$成比例关系，偏差减小的速度取决于比例系数K_p：K_p越大，偏差减小得越快，但是很容易引起振荡（尤其是在前向通道中存在较大的时滞环节时）；K_p减小，发生振荡的可能性小，但是调节速度变慢。单纯的P控制无法消除稳态误差，所以必须要引入积分I控制。如果这个振荡的幅度是允许的，比方说家用电器的控制，则可以选用比例控制，但是如果针对无人机这样无法允许一次超调节的系统（因为一次超过量的调节意味着飞机就会产生侧翻，那么就会引起毁灭性的坠机，无法再做恢复），就无法使用纯P调节，需要加上积分调节和微分调节，使得系统更加稳定。

（2）比例、微分控制（PD）。微分（D）控制可以反应输入信号的变化趋势，具有某种预见性，可为系统引入一个有效的早期修正信号，以增加系统的阻尼程度，而从提高系统的稳定性。常见的公式如下

$$u(t) = K_p e(t) + K_d \frac{[e(t) - e(t-1)]}{dt} + u_0 \quad (3-3)$$

式中：$u(t)$——输出；

K_p——比例放大系数；

K_d——微分时间常数；

$e(t)$——误差；

dt——微分时间；

u_0——控制量基准值。

在微分控制中，控制器的输出与输入误差信号的微分（即误差的变化率）成正比关系。自动控制系统在克服误差的调节过程中可能会出现振荡甚至失稳。其原因是由于存在有较大惯性组件（环节）或有滞后组件，具有抑制误差作用，其变化总是落后于误差的变化。解决的办法是使抑制误差的作用的变化"超前"，即在误差接近零时，抑制误差的作用就应该是零。这就是说，在控制器中仅引入"比例"项往往是不够的，比例项的作用仅是放大误差的幅值，而目前需要增加的是"微分项"，它能预测误差变化的趋势，这样，具有比例、微分的控制器，就能够提前使抑制误差的控制作用等于零，甚至为负值，从而避免了被控量的严重超调。所以对有较大惯性或滞后的被控对象，比例、微分控制器能改善系统在调节过程中的动态特性。

PD参数一般整定方法：

①首先将其设置为0，调节P参数至系统产生等幅小振荡。

②判断的正负，微分的作用是抑制比例作用，所以方向应该相反。

③不断地加大，使系统的振荡逐步减小，并稳定在设定值附近的一个值即可。

PD调节原本就解决不了消除静差的作用，只能将系统迅速稳定下来，并且具有较强的抗干扰性，所以如果需要一个无静差系统，需要加入积分环节。

（3）比例、积分控制（PI）。积分的存在是针对比例控制存在稳态误差和等幅振荡这种特点提出的改进，它常与比例一块进行控制，也就是PI控制。在保证系统稳定的前提下，引入PI控制器可以提高它的稳态控制质量，消除其稳态误差。（t为积分时间）其公式有很多种，但大多差别不大，标准公式如下：

$$u(t) = K_p e(t) + K_i \int_0^t e(t)\mathrm{d}t + u_0 \tag{3-4}$$

式中：$u(t)$——输出；

K_p——比例放大系数；

K_i——微分时间常数；

$e(t)$——误差；

$\mathrm{d}t$——微分时间；

u_0——控制量基准值。

可以看到积分项是一个历史误差的累积值，如果只用比例控制时，要么就是达不到设定值要么就是振荡，在使用了积分项后就可以解决达不到设定值的静态误差问题，比方说一个控制中使用了PI控制后，原本系统存在静态误差，输出始终达不到设定值，这时积分项将误差随时间做累加，随着时间这个值会越来越大，这个累积值乘上后会在输出的比重中越占越多，使输出$u(t)$越来越大，最终达到消除静态误差的目的。当达到设定值后，误差$e(t)$变负，积分项会开始递减，让输出值最终稳定在设定值附近。另外需要注意的是设置积分上限来防止积分无限增大的情况。

PI参数一般整定方法：

①先将I值设为0，将P值放至比较大，当出现稳定振荡时，再减小P值直到P值不振荡或者振荡很小为止（术语叫临界振荡状态），在有些情况下，还可以在这个P值的基础上再加大一点。

②加大I值，直到输出达到设定值为止。

③再复位系统，看看系统的超调是否过大，达到目标值速度是否太慢。通过上面的这个调试过程，可以看到P值主要可以用来调整系统的响应速度，但太大会增大超调量和稳定时间；而I值主要用来减小静态误差。积分调节可以消除静差，但有滞后现象，比例调节没有滞后现象，但存在静差。PI调节就是综合P、I两种调节的优点，利用P调节快速抵消干扰的影响，同时利用I调节消除残差。

（4）比例、积分、微分控制（PID）。因为PI系统中的I的存在会使整个控制系统的响应速度受到影响，为了解决这个问题，在控制中增加了D微分项，微分项主要用来解决系统的响应速度问题，其完整的公式如下：

$$u(t) = K_p e(t) + K_i \int_0^t e(t)\mathrm{d}t + K_d \frac{[e(t) - e(t-1)]}{\mathrm{d}t} + u_0 \tag{3-5}$$

观察 PID 的公式可以发现：K_p 乘以误差 $e(t)$，用以消除当前误差；积分项系数乘以误差 $e(t)$ 的积分，用于消除历史误差积累，可以达到无差调节；微分项系数乘以误差 $e(t)$ 的微分，用于消除误差变化，也就是保证误差恒定不变。由此可见，P 控制是一个调节系统中的核心，用于消除系统的当前误差，然后，I 控制为了消除 P 控制余留的静态误差而辅助存在，对于 D 控制，所占的权重最少，只是为了增强系统稳定性，增加系统阻尼程度，修改 PI 曲线使得超调更少而辅助存在。PID 参数一般整定方法。

①关闭 I 和 D，也就是设为 0，加大 P，使其产生振荡。

②减小 P，找到临界振荡点。

③加大 I，使其达到目标值。

④重新上电看超调、振荡和稳定时间是否吻合要求。

⑤针对超调和振荡的情况适当地增加一些微分项。

注意所有调试均应在最大承载的情况下调试，这样才能保证调试完的结果可以在全工作范围内均有效。

（5）工程实际中的 PID 概念。了解了以上 PID 的基本概念以后，需要再了解几个工程实际中使用 PID 的概念。

单回路：就是只有一个 PID 的调节系统。

串级：一个 PID 不够用怎么办？把两个 PID 串接起来，形成一个串级调节系统。又叫双回路调节系统。在后面章节中，串级在无人机中的使用很常见，会详细讲解，在此先不作过多介绍。

主调：串级系统中，要调节被调量的那个 PID 叫作主调。进入副调作为副调的设定值。一般来说，主调为了调节被调量，副调为了消除干扰。

正作用：比方说一个水池有一个进水口和一个出水口，进水量固定不变，依靠调节出水口的水量调节水池水位。那么水位如果高了，就需要调节使出水量增大。对于 PID 调节器来说，输出随着被调量增高而增高，降低而降低的作用叫作正作用。

负作用：还是这个水池，把出水量固定不变，而依靠调节进水量来调节水池水位。那么如果水池水位增高，就需要关小进水量。对于 PID 调节器来说，输出随着被调量的增高而降低的作用叫作负作用。

动态偏差：在调节过程中，被调量和设定值之间的偏差随时改变，任意时刻两者之间的偏差叫作动态偏差，简称动差。

静态偏差：调节趋于稳定之后，被调量和设定值之间还存在的偏差叫作静态偏差，简称静差。

回调：调节器调节作用显现，使得被调量开始由上升变为下降，或者由下降变为上升。

阶跃：被观察的曲线呈垂直上升或者下降状态，这种情况在异常情况下是存在的，比如人为修改数值，或者短路开路。

3.4.3　4 旋翼中的 PID

3.4.3.1　飞行稳定控制原理

多旋翼飞行器实现各种功能（轨迹跟踪、多机编队等）的核心是快速、稳定的姿态控制和精确的位置控制。常用的多旋翼飞行控制系统主要包含两个控制回路：一个是飞行器姿态控制回路，另一个是飞行器位置控制回路。由于姿态运动模态的频带宽，运动速率快，所以姿态控制回路作为内回路进行设计；而位置运动模态的频带窄，运动速率慢，所以位置控制回路作为外回路进行设计。位置控制回路可以使飞行器能够悬停在指定位置或者按照设定好的轨迹飞行。姿态控制回路的作用是使多轴飞行器保持稳定的飞行姿态。若两个控制回路同时产生控制信号则各个旋翼的转速分别作相应的调整，使得多轴飞行器能够按照指令稳定飞行。

由于内回路姿态与外回路位置具有直接的耦合关系（滚转/俯仰姿态运动引起水平方向的左右/前后运动），因此所有控制的核心便集中在内回路。考虑到内回路姿态控制算法的可实现性，合理的方法和控制策略是决定控制性能的重点。

内回路姿态控制的策略一般有两种，第一种是直接对姿态角进行控制，另一种是将姿态角误差转化为期望的修正角速度，对实际角速度进行控制以达到跟踪期望角速度、消除姿态角误差的目的。由于角速度可构成更快回路，因此第二种策略具有更快的响应速度。

3.4.3.2　多旋翼控制模式

（1）飞控内外回路（姿态、位置）均不参与控制：①军用叫舵面控制；②民用叫纯手动或飞模型。

（2）飞控内回路稳定姿态，人来影响姿态以改变位置：①军用叫姿态遥控；②民用叫增稳或姿态模式。

（3）飞控内回路稳定姿态，外回路稳定位置，人来影响修正位置：①军用叫人工修正；②民用叫 GPS 模式。

（4）飞控内回路稳定姿态，外回路根据航点设置控制位置：①军用叫自主；②民用叫航线飞行。

在工程实际中，使用 PID 的时候需要先对受控对象加以分析，观察受控对象是大惯量系统还是小惯量系统，干扰源是什么类型，可输出最大调解率、PID 级数，等等，以便选择最合适的 PID 参数对控制无人机的平稳飞行。这里通过各个指标——对无人机系统进行分析。

我们通过一个通俗简单的例子先来了解一下响应频率，如果一个 Led 灯以 1 Hz 的频率闪烁，我们可以观察到它在闪烁；如果一个 Led 灯以 5 Hz 闪烁，我们依然可以观察到它在闪烁；但是如果一个 Led 以 100 Hz 闪烁，我们就无法观察到其闪烁，这是因为人眼的视觉残留无法观察到那么快频率的闪烁，换句话说，也就是因为我们人眼对光线的变化频率响应是有一定界限的，大概 10 Hz，那么这就是人眼的极限响应频率，高于这个频率的闪烁，我们将其视作没有闪烁，这个数值我们称之为人眼的响应频率。

那么针对一个被控对象，我们如果知道其响应频率，也就是知道它的惯量属于大惯量还是小惯量系统，感性的认识这个一点，对于操控系统非常重要。下面举两个例子，分别为大惯量和小惯量。

当工程中使用电热丝对水进行加热，设水温初始状态为23 ℃。以100%的输出功率施加在电热丝上，然后观察水温的上升，会发现水温变化非常慢，但是当达到我们的目标温度60 ℃的时候，我们关闭电热丝输出，发现水温还会上升，需要等很长一段时间，才可以回温。这种被控量（温度）无法随着我们输出（电热丝加热）的开关，马上起到变化作用，那么其响应频率就非常低，或许在0.1~0.01 Hz之间，甚至更低。

在自动控制中有一种模型叫作倒立摆（见图3-10），现在应用最多的是两轮平衡小车。这个模型其实是由一个可平行移动的载体A（可使用小车）与一个细长的刚体B组成，两者之间使用单向活动的铰链连接，那么在自然状态下，刚体B会自由倒下，但经过载体A的平行运动，加上自动控制算法，可使B保持在垂直地面，不会倒下，并且可以抗击一定的外力干扰，形成一种类似"不倒翁"的效果。

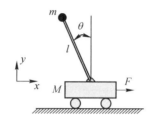

图3-10　倒立摆模型

观察这种模型会发现，载体A的轻微运动就可以引起受控对象B的剧烈振荡，因此这样的系统就与上一个例子的温度不太一样，在外界施加输出产生变化（我们多以"阶跃"信号作为测试），系统跟随变化的响应率明显变得很高。

其实生活中有很多这种相似的控制与受控的例子，如保持身体的平衡、控制自行车的平衡、控制开车的速度等。其中不乏有大惯量系统，也不乏有小惯量系统，生活中的细细品味会对控制实践经验起到非常大的积极作用。

那么，无人机的响应频率又是如何呢？

举出上一个例子的原因，本书主要是给无人机一个思路的引子，想必很多同学已经能感知出两轮平衡小车的平衡控制与无人机的平衡控制有异曲同工之妙，本书也是将无人机的平衡控制拆解为两个对轴平衡去控制，因为它们都是由双电机或四电机控制载体平衡的一种模型，只是一个受地面负载影响，一个是受空气动力负载影响。

因此无人机的控制有以下突出特点：

（1）超调过大将直接导致坠机，无法恢复。

（2）由于在空中的运动综合阻尼小，输出波动对载体的姿态影响很大。

（3）多组电机共同决定姿态，多电机差值是单电机输出倍数或更多。

（4）干扰源由风阻、自身风涡流等复杂情况决定。

综上，可以断定的是，无人机的惯量较小，容错率也很小，干扰源复杂，所以在设计无人机控制系统的时候，一定要从这几方面去综合考虑。

3.4.3.3 PID 算法结构

常用的 PID 算法结构有单环 PID 和串级 PID。单环 PID 众所周知，单纯的对一组反馈和输入进行 PID 计算并输出给执行机构。但是一般单环 PID 控制的是被控对象的一个物理特征，如无人机的姿态角。但是单环 PID 的控制品质较低，如果需要进一步地增加系统的抗干扰能力和阻尼，那就需要引入串级 PID 控制。在无人机应用中，姿态角的控制便是应用串级 PID 控制，角度/角速度的 PID 控制算法，增加了无人机的稳定性和它的控制品质。在无人机的控制中还有一种 PID 结构——多级 PID。多级 PID 指的是多组单环 PID 和串级 PID 的输出进行叠加，最终在一个执行机构上进行输出。举一个无人机上的例子，高度环的 PID、位置环的 PID 和姿态环的 PID，它们的执行机构都是 4 个电机，那么 3 组 PID 的输出就要进行叠加，这就是所谓的多级 PID 结构。所谓的 PID 就是无人机的一种控制方法，在无人机的基础运动控制中主要分为 3 类控制，即平衡控制、航向控制和定高控制。

（1）平衡控制。在这里，将无人机平衡控制分解为两个轴的平衡控制，即 Roll 轴控制与 Pitch 轴控制，也就是欧拉角中滚转角的控制与俯仰角的控制，其主要的控制方法为角速度/角度的内外环串级 PID 控制方法。无人机的欧拉角已经在上面的章节中详细讲解，这里不做赘述。在 Bird-Drone 无人机中，Pitch 角与 Roll 角如图 3-11 所示。

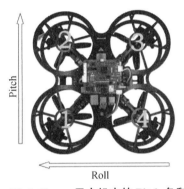

图 3-11　Bird-Drone 无人机中的 Pitch 角和 Roll 角

不难看出，不论是 Pitch 还是 Roll 两个对轴的控制都需要 4 个电机来控制，这就是 X 形 4 旋翼的特点。在无人机的平衡控制中，初学者一般会认为只要 PID 整定对轴角度平衡即可，但是其单环 PID 的物理模型鲁棒性较差，抗干扰能力很弱，所以在对轴平衡上我们引入了串级 PID，角度/角速度的内外环控制。这里简单分析一下角度/角速度内外环控制的物理意义。内环角速度环的作用是让 4 旋翼在任意位置保持角速度为 0，其状态就是在任意位置保持静止状态。外环角度环的作用是在保证角速度稳定的情况下，使 4 旋翼在设定的角度保持稳定。其内环起到抗干扰和稳定的作用。

在学习的过程中，可以对比单环与内外环控制的效果，以此来总结串级 PID 的控制优点，更加深刻地了解内外环控制。

如果是串级调节系统，在整定参数时，一般把主、副调节隔离开来，先整定一个回路，再全面考虑。一般而言，先整定内回路，后整定外回路。在 PID 整定中需要把 PID 参数隔离开来，先去掉积分、微分作用，让系统变为纯比例调节方式，再考虑微分，最后考虑积分。使用 Bird-Drone 无人机教学平台的对轴平衡云台就可进行这两个轴的反复 PID 调试。主要步骤如下：

①将无人机旋转为 Pitch 轴所在方向，并固定无人机在对轴云台上。

②调节无人机在 Pitch 轴上的内环角速度环的 PID 参数，使得无人机在调试云台上能达到随意打舵的效果，即在任意位置能保持角速度为 0，且响应速度较快。

③调节无人机在 Pitch 轴上的外环角度环的 PID 参数，使得无人机在调试平台上能进行 ±10° 内的任意角度控制，且响应速度较快，抗干扰能力强，恢复时间短。

④再将无人机旋转为 Roll 轴所在方向，并固定无人机在对轴云台上。

⑤调节无人机在 Roll 轴上的内环角速度环的 PID 参数，使得无人机在调试云台上能达到随意打舵的效果，即在任意位置能保持角速度为 0，且响应速度较快。

⑥调节无人机在 Roll 轴上的外环角度环的 PID 参数，使得无人机在调试平台上能进行 ±10° 内的角度控制，且响应速度较快，抗干扰能力强，恢复时间短。

经过以上 6 个步骤的操作后，无人机就达到 4 轴平衡的效果了。读者看到这里，可能会产生疑惑：怎样才能调整内外环的 PID 参数使得无人机在云台上达到对轴平衡？本书在后面的章节会详细讲述无人机的 PID 控制原理和整定方法，并列出试验过程以及如何配合 RdroneStudio 无人机调试软件更加方便与直观地读取运动状态曲线。在本节内，主要了解 PID 在无人机上的应用，所以不做其他方面过多的讲述。

因此，可以看出，无人机在平衡运动控制就分为 Pitch 和 Roll 上两组不同的 PID 控制，但是它们的输出执行机构都是 4 个电机，所以两组 PID 将进行一个多级的串联结构，叠加在同一个执行机构上进行输出。

（2）航向控制。在了解了如何使无人机达到平衡之后，需要考虑的是无人机的航向问题，也就是欧拉角中除了 Pitch 和 Roll 角以外，还有一个角度 Yaw，即航向角。控制航向角的目的是让飞机平稳起飞空，需要控制其按照特定的方向去飞。

那么航向角的控制，就是另一组独立的 PID。对 4 个电机都已经做了相关控制，Pitch 和 Roll 控制已经对 1、2、3、4 施加了自己的输出量，哪一个控制量才可以控制航向角呢？从 4 旋翼的飞行原理可以看出，对边两个电机加速，另外一个对边的两个电机减速，就能使 4 旋翼的航向发生转动，所以控制航向的执行机构还是这 4 个电机，而其控制原理是 Z 轴角速度/角度的自稳系统。

这里需要用到多级的级联 PID 去控制 4 旋翼，即在刚才的两个对轴平衡的串级 PID 的基础之上，串联一个 PID 回路，形成一个完整的可以控制欧拉角中三组数据的控制系统。那么这里列出完整控制欧拉角的 PID 结构图如图 3-12 所示。

图 3-12　控制欧拉角的 PID 结构图

（3）定高控制。除了以上的控制需求外，如果需要将 4 旋翼的飞行做到稳定，尤其是在无人遥控的无人机上，就需要做到自动定高飞行。但是，很多市面上买到的无人机都没有这一功能，只有几款大牌无人机才有此功能。是否有这样的功能，意味着无人机是否依赖人工观察飞机的高度去控制上下油门，实现一种"人肉"PID 去控制无人机在一定高度范围内飞行。而有了此项功能，无人机就可以保持一种稳定高度的飞行，人们控制油门，实际只是控制一种目标高度，无人机会通过自动控制算法自动稳定在这样的高度。

那么，定高飞行的PID如航向控制一样，又是一种串级PID结构加入到整个PID控制系统中，也就是在航向控制之后，还需要串级一路定高飞行的PID。

图3-13 定高飞行的PID结构图

这里，需要注意的是，在整个系统叠加入新的串级PID后，需要对个别PID参数进行微调，具体的调整方法在后续小节会详细介绍。通常情况下，高度控制的PID实质就是同时加大或者减小了4个电机的转速，并且依然保持对轴上的平衡，以此达到上升下降的效果。

（4）利用PID控制无人机运动。以上所描述的都是如何让无人机处于一个平衡稳定的状态，也就相当于我们PID当中的SP值保持一个定值，比方说，Pitch角度的目标值设为0°，就是让4个电机采用PID调整算法进行转速调节使Pitch角度保持在零度附近。但是这样的平衡是无法让无人机在空间中产生位移的（这里不考虑由于外界因素导致无人机发生位置偏移），所以，无人机设计者就需要知道让无人机前进、后退等运动是如何产生的。

在空气动力学中，对4轴无人机的飞行运动有很多种定义及描述，这里通过运动控制的角度去理解，一般使用"目标值偏移"来驱动无人机向一个方向运动。也就是说，目标值不再只是零度的保持平衡，而是向一个方向发生偏移，这里假设为5°。由于地心引力的作用，显而易见无人机是不会在自然状态下保持一个非零度的航姿停留在空间中的，所以无人机将会利用自身PID系统不断努力调整电机输出的比例来维持这个偏移角，也就是在这个过程中，无人机会收到一个由差速带来的力，这个力也就是驱动无人机向某一方向运动的源头。如图3-14所示，无人机的目标值产生了一个角度偏差，那么无人机就会向该角度正向旋转的方向前进，反之亦反。

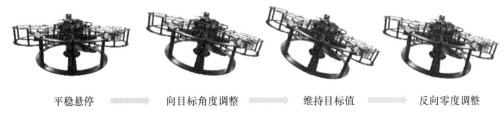

图3-14 Bird-Drone无人机PID控制过程

另外，航向角的运动也采用同样的理论。当然，Pitch、Roll、Yaw三个角度也可以同时产生偏移目标值，那么就可以复合出很多运动状态，图3-14就是Pitch和Roll复合运动产生的。

课后习题

一、填空题

1. 无人机飞行控制系统基本任务是完成_____、_____、_____。

2. 无人机主控芯片是系统硬件的核心组成部分，根据获取信息解算无人机的_____、_____、_____等信息。

3. 姿态传感器用于感受无人机的_____、_____、_____，用于实现姿态稳定与航向控制功能。

4. 利用气压与高度的关系，通过观测气压测量飞行器飞行气压高度（又称相对高度）的传感器称_____。

5. 通过飞行器飞行时感受到气流的冲击力量，即动压，与空气静止时的压力相比，从而转换出飞行器空速的传感器是_____。

二、简述题

1. 飞行控制系统的硬件组成有哪些？
2. 无人机姿态传感器包括哪几部分，分别发挥了哪些功能作业？
3. 无人机导航模块的组成及功能。
4. 如何理解姿态解算就是深度解算？
5. PID 控制分别代表的意义，PID 是如何影响多旋翼无人机姿态的？

答　案

一、填空题

1. 数据采集、姿态解算以及复杂的控制任务。
2. 位置和姿态，高度、速度。
3. 俯仰、滚转和航向角度。
4. 气压高度计。　5. 空速计。

二、简述题

1. 飞行控制系统硬件主要主控芯片、各种传感器、多种数据接口等组成。

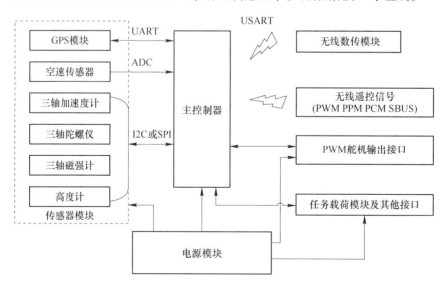

2. 无人机姿态传感器包括三个单轴的加速度计和三个单轴的陀螺仪，加速度计检测

物体在载体坐标系统独立三轴的加速度信号，而陀螺仪检测载体相对于导航坐标系的角速度信号，测量物体在三维空间中的角速度和加速度，通过积分，从而获得物体转动的角度信息，并以此解算出物体的姿态。

3. 无人机导航模块主要为惯性导航设备、GPS卫星导航接收机、磁航向传感器。

惯性导航设备来进行航位推算以及据此进行控制操作，但MEMS传感器的精度毕竟有限；全球定位系统（GPS）可以对飞行器进行位置估算，同时可以对海拔高度进行测算；磁力计，用来测量磁力的，是无人机航向信息的主要来源。

4. 飞行器根据陀螺仪的三轴角速度对时间积分得到的俯仰/横滚/航向角，这是快速解算。快速解算得到的姿态是存在误差的，而且误差会累加，如果再结合三轴地磁和三轴加速度数据进行校正，得到准确的姿态，这就是深度解算。当然，快速解算的姿态一般是不能够用于控制飞行器的，因为误差太大。我们一般说的姿态解算就是深度解算。

5. 比例、积分、微分控制，简称PID控制，PID控制器就是根据系统误差，利用比例、积分、微分计算出控制量进行控制。

第4章 4旋翼无人机气动模型仿真系统

4.1 X-Plane 飞行模拟软件介绍

1982 年微软发行飞行模拟（flight simulator）系列以来，尽管出现过很多其他公司的产品（如 Fly!、Flight Unlimited 等），民用飞行模拟的市场还是一直被微软所统治，除了 X-Plane 以外所有的竞争者都失败了。

X-Plane 起初只是 Austin Meyer（X-Plane 的作者）用来训练自己的仪表驾驶能力的程序，后来在他攻读航空工程学士学位的时候才被改造成完整的飞行模拟程序，可以根据飞机蓝图直接得出飞机的飞行特性（这也是 X-Plane 和微软飞行模拟之间最大的区别）。到现在为止已经是该系列的第九部作品了。

令人惊讶的是，作为微软这样一个庞然大物在飞行模拟方面的竞争对手，X-Plane 的主要工作都是由作者一个人完成的（软件的制作人员名单只有 10 人），不得不让人相信有些时候一个人加上一份坚持就能创造奇迹。

4.1.1 安装和设置

X-Plane 系列一向都是跨 Windows、Mac、Linux 三个平台，整个安装过程还是很方便的，在安装的最后可以选择需要安装的地景区域（每块区域 $10°\times10°$），不常飞的地方可以去掉，这样可以大大减少占用的硬盘空间。

4.1.2 启动界面

软件的启动因为需要加载很多的地形数据，需要的时间比较长，如图 5-1 所示。第一次进入软件将直接进入默认的 LOWI 机场，各种选项和设置都需要对窗口上方的菜单进行调整。软件的输入设备设置比较复杂，软件里除了摇杆的横轴和纵轴，其他所有的附加轴向和按钮都需要自己指定功能并校准。

图 4-1　X-Plane 启动界面

4.1.3　飞行感受

作为比较专业的飞行模拟软件，X-Plane 很注重的一条就是飞行的流畅性，当每秒帧数降低到一定程度之后，系统会自动降低渲染细节来保证一定的速度，座舱中的仪表数据也是每帧更新一次，整体感觉十分流畅，不过在飞行经过地景区域边界的时候，可能由于选择的纹理分辨率太高，显存不足，还是有 1 s 左右的延迟，如图 4-2 所示。在气动模型上，由于 X-Plane 是根据飞机的几何外形和一些比较方便获取的数据来进行模拟，通常来说模拟的驾驶感受都不会差得太离谱，而相对的，"微软模拟飞行"（另一款飞行模拟软件）完全是根据各种不同状态下的数据表格来计算，这样尽管非常好的飞机模型可以做出

图 4-2　转弯中的 B-1B 的气动模型

来几乎拟真的操作感受，但是这样的飞机模型需要完整的试飞参数，制作难度会增加很多，另外由于表格的局限性，某些特殊的飞行器/飞行状态可能在"微软模拟飞行"里完全没法正确模拟，比如有 8 个发动机的 B-52 轰炸机在坏掉 1~8 台发动机情况下的飞行特性、翼面不同位置破损造成的变化等。

X-Plane 中的气象模型也是比较真实的，里面完整模拟了垂直气流对飞机的影响，不管是山区低空飞行的颠簸还是强对流天气下小飞机被直接拍到地面，在软件中都有体现。海浪的振幅/波长/方向对水上飞机起降的影响也被考虑进去了。

4.1.4 画面

X-Plane 以超大容量为代价，软件中提供了相当精细的地形，再加上方便的自定义地景工具，良好的天气体现，可以得到近乎真实的场景，如图 4-3 所示。

图 4-3 近乎真实的场景

X-Plane 一直被称道的就是软件中夜晚的灯光表现，感觉比较真实（见图 4-4），不会出现某些软件中距离一远看不到灯光的尴尬情景，航母的助降灯终于不再是个摆设，完全没有对动态光影的支持，机身的自阴影也没有实现，光源也只有太阳和环境光，不管是跑道灯还是飞机上的灯光都没有照明效果。

另外地景也不受季节变化的影响，这些都不免让人有点失望。当然了，得益于高分辨率纹理、漂亮的云彩效果和华丽的水面倒影，整个画面还是让人感觉比较真实的。

4.1.5 特殊仿真

除了正常的飞行模拟，软件中还提供了某些特殊情况的仿真、飞行器上几乎每个大的

图 4-4　X-Plane 夜晚场景

组件都可以损坏，可以以此来训练飞行员应付突发故障的能力。软件中甚至有到处乱飞的鸟群，操作者也可以"安全"地体验一下被鸟撞到的感觉，如图 4-5 所示。

图 4-5　跑道上的 B-1B 和鸟群

X-Plane 的另外一个特点就是可以随意调整大气和星球的参数，操作者可以尝试在其他星球飞行的感觉，软件自带了两种火星飞机，可以试试在火星上飞行的感觉。

空中交通需要通过第三方的插件来实现。地面交通场景很漂亮，尤其到了夜晚，可以清晰地看到车流的灯光，而且会按照驾驶习惯的不同划分出不同的灯光，比如我国就是右侧红光左侧白光,而英国就是右侧白光左侧红光。

对于一个现代飞行模拟软件来说,很重要的一条就是扩展性。依赖于 X-Plane 的仿真空气动力学模型,软件中可以很方便地做出来各种奇特的飞行器,常规一点的像 X-31 这种矢量推力的飞行器,或者 MV-22 这种垂直起降(Vertical Take-Off and Landing,VTOL)飞行器,特殊一点的有飞艇、航天飞行器、里海怪物地效飞行器,甚至 X-Wing 这种科幻飞行器,如图 4-6 所示。

图 4-6　X-Plane 的仿真空气动力学模型

4.2　Plane Maker 基本功能介绍

4.2.1　Plane Maker 简介

Plane Maker 是与 X-Plane 捆绑在一起的程序,可让用户设计自己的飞行器使用该软件,几乎可以建造任何可以想象的飞行器。输入飞行器的所有物理规格(如质量、机翼跨度、控制偏差、发动机功率、机翼截面等)后,X-Plane 仿真器将预测该飞机在现实世界中的飞行方式;它将像 X-Plane 的内置飞行器一样模拟飞行器的性能。

就像将一个文字处理文档保存到飞行器一样,飞行器被保存在 Plane Maker 中。然后这些文件在 X-Plane 模拟器中打开并飞行。

4.2.1.1 平面制作器工作流程概述

与飞行器设计师的工作流程类似，在 Plane Maker 中进行工作的方式也多种多样。以下步骤是从 Plane Maker 建模时开始的良好工作流程序列：

（1）确定设计。
（2）创建飞机的机身、机翼和机尾。
（3）创建辅助对象，如起落架和发动机机舱。
（4）设置系统和内部属性，包括发动机、电气系统、重量、平衡以及观察点。
（5）设置飞机的任何其他功能，如增加武器或特殊控制。
（6）创建一个二维仪表板。
（7）在 X 平面上试飞飞行器，并根据需要从步骤（2）~（6）微调飞行器的功能。
（8）添加纹理、3D 对象、额外的配件等。

4.2.2 平面制作器界面

4.2.2.1 启动 Plane Maker

X-Plane 目录中找到 Plane Maker，该目录默认位于桌面上。只需双击 Plane-Maker.exe（在 MacOS X 中为 Plane-Maker.app）即可启动该程序。请注意，在 Windows 7 和 Vista 中，X-Plane 和 Plane Maker 都存在与 Aero 桌面效果有关的已知问题。启用 Aero 后，框和文本可能会从应有的位置略微偏移。要更正它，需右键单击 X-Plane.exe 图标（或用于启动 X-Plane 的快捷方式），然后单击"属性"。在出现的对话框中，转到"兼容性"（Compatibility）选项卡，然后选中标记为"禁用桌面合成"（Disable desktop Composition）的复选框，如图 4-7 所示。对"Plane Maker.exe"图标或用于启动"Plane Maker"的快捷方式重复此操作。

图 4-7　"兼容性"选项卡

4.2.2.2 打开和保存飞机

要在 Plane Maker 中打开飞行器，请单击"文件"（File）菜单，然后单击"打"（Open）命令，如图 4-8 所示。在此界面，导航到包含要修改的 .acf 文件的文件夹，与在 X-Plane 中打开飞行器一样，双击 .acf 文件，或者单击一次 .acf 文件，单击"打开"按钮。

要保存对飞行器文件所做的任何更改，请打开"文件"菜单，然后单击"保存"（Save）。对飞行器所做的任何更改都会在下次将飞飞行器载到 X-Plane 中时反映出来。

4.2.2.3 打开涂装

要为飞行器装载特定的油漆作业（称为涂装），请首先在 Plane Maker 中打开飞行器，然后打开"文件"菜单，单击"Open Livery"选项。单击要加载的涂装旁边的单选按钮，然后关闭"Livery"选项对话框（通过按"Enter"键），Plane Maker 将加载选定的涂装。如果在加载某些涂装后保存飞行器文件，则在 X-Plane 中打开飞行器时，将自动应用该涂装。

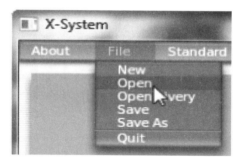

图 4-8 单击"打开"命令

4.2.2.4 创建飞行器文件

要创建一个新的飞行器项目请打开文件菜单然后单击新建"（New）。PlaneMaker 将制造一架只有圆柱形机身的新飞行器。如果从此处单击"文件"→"另存为"，则可以选择将新飞行器保存到的文件夹。请确保首先在文件浏览器中创建该文件夹。

保存飞行器的标准位置在 X-Plane 主文件夹内的 Aircraft 目录中。例如，可以在以下位置找到为 X-Plane 9 创建的飞行器（X-Plane 9/Aircraft/ATOS20 ATOS20.acf）。但是，X-Plane 在乎飞行器的位置，可以轻松地将项目保存在 Scenery 文件夹中。

4.2.2.5 使用视图

在 Plane Maker 主窗口中，正在工作的飞行器的 3D 模型位于其中。例如，图 4-9 显示了 X-Plane 9 的 ATOS20 的 3D 模型。

可以使用键盘上的箭头键"←""→""↑""↓"移动整个飞行器模型。注意，轴是倒置的。按左箭头可将模型向右移动，按向下箭头可将模型向上移动，依此类推。

可以使用 W、A、S 和 D 键围绕其中心旋转和滚动 3D 模型。可以使用+和-键分别放

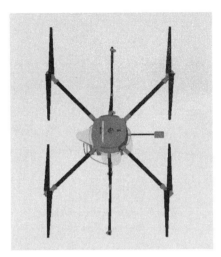

图 4-9　3D 模型

大和缩小模型。请注意，可以在按住 Shift 键的同时按 "↑""↓""←""→""-""+" 键来更快地移动或放大/缩小模型。

此外，在大多数设置对话框中，当"飞机制造商"窗口本身足够宽时，在屏幕右侧可例如，考虑图 4-10；以看到飞行器的 3D 模型。由于窗口相当宽（比标准尺寸宽），因此可以在右侧看到飞行器模型。

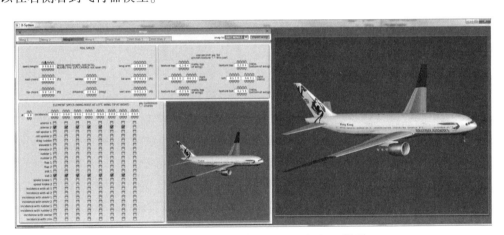

图 4-10　此窗口足够宽，可以看到 3D 模型

Plane Maker 可以显示飞行器模型的常规"蒙皮"视图（模型在 X-Plane 中的外观），也可以显示线框视图以显示飞行器的实际结构。要在这两个视图之间交换，请按空格键。图 4-11 并排显示了这两个视图。

线框视图对于辨别飞行器的确切位置与身体其余部分之间的关系尤其有用，并且它是唯一的视图，其中的点表示飞行器的重心、飞行员的视点、喷气发动机位置以及其他此类功能均可见。这些以线框中的大黑点表示。

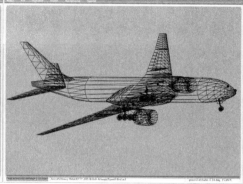

图 4-11　波音 777 的蒙皮视图与线框视图并排

4.2.2.6　特殊视图

"背景"（Background）菜单具有许多特殊的视角，这些视角对于许多设计师来说都是有用的。它们是顶视图（Top）、底视图（Bottom）、侧面视图（Side）、正视图（Front）和后视图（Back），如图 4-12 所示。

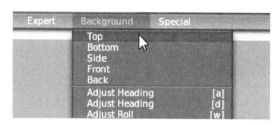

图 4-12　"背景"菜单

单击菜单中的这些选项之一，将 3D 模型移至指定的透视图。例如，"顶视图"给出了飞行器的俯视图，"侧视图"给出了直线，可以查看飞船的端口（左侧），等等。这些视图的一种潜在用途是将飞行器模型与真实物体的图像进行比较。单击窗口左下角的"背景位图"按钮以加载图像以与模型进行比较。

例如，如果有自上而下建模的照片，并且想查看设计与它的匹配程度，可以单击"背景位图"按钮，加载该照片，然后从背景中选择"顶视图"菜单。这会将 Plane Maker 模型显示在屏幕上居中的真实飞行器片之上。

4.2.2.7　改装一架简单的飞机

为了使自己熟悉 Plane Maker 的工作原理，从调整一个简单的飞行器开始可能会有所帮助。X-Plane 9 中的波音 777 是一个不错的选择。在文件夹中找到"triple seven"：X-Plane 9/Aircraft/Heavy Metal/B777-200 British Airways/。

这是在以下示例中展示的飞行器。

使用"文件"菜单加载选择的基本飞行器，然后打开"标准"（Standard）菜单并单击"机翼"（Wings），如图 4-13 所示。

对话框打开后，单击对话框顶部标记为 Wings 1-4 的选项卡。飞行器模型机翼的不同部分将变黑并微闪。这样可以更容易地看到窗口是否足够宽以便在，右侧显示辅助飞行器模型。此外，只有在机翼未被隐藏的情况下，才可以在"专家"菜单的"不可见零件"对话框中使用它。显示为黑色的机翼部分是当前选项卡控制的部分。在波音 777 的情况下，机翼部分 1、2 和 3，构成整个机翼。

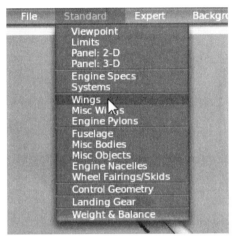

图 4-13　单击"机翼"命令

尝试选择 Wings 标签。这将选择距波音 777 机身最远的机翼部分。现在，这里有许多方法可以修改机翼。在"铝箔规格"框中找到"半长"值。尝试单击此处的数字上方和下方以延长和缩短机翼段。例如，在图 4-14 中，将机翼段加长了约 20 ft。如果要保存此文件（当然是作为副本，以便不修改原始的波音 777 文件）并在 X-Plane 中飞行，会发现机翼会产生更大的升力，但是它们也会使飞行器的操纵性差得多（具有高纵横比的功能）。

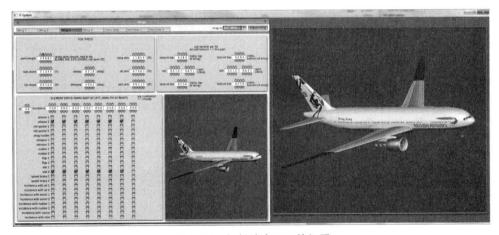

图 4-14　加长波音 777 的机翼

此示例很有用，因为它演示了 Plane Maker 中非常常见的界面。在"机翼"对话框的"铝箔规格"部分中，具有任何给定机翼的许多属性，每个属性都可以单独设置，并且可以组合起来以提供完整的机翼。

还要注意，将鼠标移到 Plane Maker 中几乎每个输入字段上，都可以获得该字段控制内容的描述。如果不知道扫掠的作用是什么，将鼠标悬停在输入字段中的数字上可以看到以下描述：扫掠是机翼从笔直伸出飞行器侧面后掠的角度。机翼后掠用于高速行驶（马赫数高于 0.7），后掠是因为机翼不必正面冲击空气。

4.3 无人机气动模型仿真系统

气动模型辅助导航方法的提出起始于 20 世纪 90 年代末，其目的是为了利用飞行器自身的动力学特性与运动信息辅助低精度惯性导航系统，以提高系统的导航性能。之后该方法得到了国外学者的关注，在气动模型辅助导航的可行性、有效性以及滤波方案设计等方面进行了较为广泛的讨论。研究中以固定翼飞行器为对象，建立了完整的气动模型以及全信息数据融合方案中状态方程、量测方程。

仿真中根据规划的飞行轨迹进行了验证，结果表明，低精度惯性导航系统在气动模型的辅助下，其位置、速度、姿态角等导航参数的解算精度较原系统有显著提高。相应的研究成果验证了气动模型辅助惯性导航系统的可行性。另外，研究中利用不同精度的气动模型对辅助惯性导航系统进行辅助，并对组合导航效果进行了比较，表明气动模型的精度提高是后期技术发展的关键。

飞行器的气动模型基于自身动力学方程与运动学方程，描述了其姿态、速度、位置等运动参数与飞行器气动结构参数以及飞行控制量之间的关系。在飞行器气动结构参数与飞行控制量已知的条件下，结合动力学原理，气动模型可以独立自主地提供飞行器的姿态、角速度、速度、加速度等运动信息。由于这些运动信息与飞行器导航所需参数有着直接的联系，将其与已有导航系统的输出信息进行融合，能够在一定程度上提高飞行器的自主导航精度与可靠性。

气动模型辅助导航方法具有自主性强、成本低、适用范围广等优点。飞行器气动模型利用大气数据信息进行运动参数的解算，这些信息测量的传感器大多基于机械力学和运动学特性，不会出现信号受外界遮挡等情况，极大程度上提高了导航系统的自主性。由于气动模型仅需要利用飞行器飞行必备的传感器，不需要额外的硬件设备就可以解算出导航中所需的运动参数，大大降低了导航系统的制作成本。气动模型辅助导航方法自主性强、成本低的特点有利于扩展导航系统的适用对象和应用范围。与传统导航方式相比，气动模型辅助已有的导航系统可以进一步满足无人机对高精度、高可靠性导航系统的需求。

4.3.1 飞行器参数配置，建立气动模型

Plane Maker 建模的一般工作流程：
(1) 决定设计。
(2) 创建飞行器的机身、机翼和机尾。
(3) 创建辅助对象，如起落架和发动机机舱。

(4) 设置系统和内部属性,包括发动机、电气系统、重量、平衡以及观察点。
(5) 设置飞行器的任何其他功能,如增加武器或特殊控制。
(6) 创建一个二维仪表板。
(7) 在 X-Plane 中试飞飞行器,并根据需要从步骤 (2) ~ (6) 微调飞行器的功能。
(8) 添加纹理、3D 对象、额外的零件等。

4.3.2 创建飞机的机身、机翼和机尾

创建一个新的飞机项目,打开"文件"菜单,然后单击"新建"。Plane Maker 将制造出一架只有圆柱形机身的新飞机。如果从此处单击"文件"→"另存为",则可以选择将新飞机保存到的文件夹。首先确保在文件浏览器中创建该文件夹。

保存飞机的标准位置在主 X-Plane 目录中的 Aircraft 目录中。例如,可以在以下位置找到为 X-Plane 11 创建的 VTOL 工艺:

X-Plane 11/飞机/我的自定义飞机/VTOL/我的新 VTOL.acf。

在创建飞机机身时,会反复提出一些想法。第一个是参考点的概念,第二个是在 Plane Maker 中相对于参考点设置位置的方式。

Plane Maker 中的所有对象(如机身、机翼等)都相对于某个固定点(称为参考点)放置。一些飞机设计师喜欢将参考点设为机身中心,而另一些飞机设计师则希望使其参考鼻尖。

如前所述,Plane Maker 中的所有位置都是相对于固定的任意点(通常是机身的顶端)定义的。这是 Plane Maker 位置设置的来源。图 4-15 显示了对象位置的三个标准控件。整个 Plane Maker 中的标准位置参数是纵向臂(long arm)、横向臂(lut arm)和垂直臂(vert arm),用于在飞机上定位物体的三个轴,如图 4-16 所示。

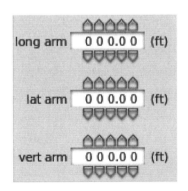

图 4-15 一组标准的位置设置参数

4.3.2.1 塑造机身

要开始使用机身,请打开"标准"菜单,然后单击"机身"(Fuselage)命令,如图 4-17 所示。机身对话框顶部共有三个选项卡。

每个选项卡都有不同的用途。"截面"(Section)选项卡显示了机身的横截面视图,

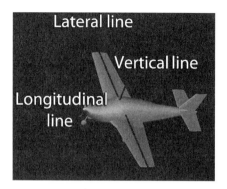

图 4-16　用于在飞机上定位物体的三个轴

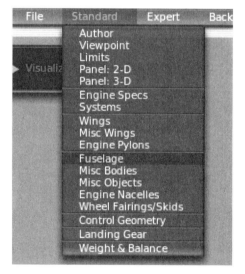

图 4-17　单击"机身"命令

被切成许多块。"顶部/底部"（Top/Bottom）选项卡显示了横截面视图中定义的点的三个不同透视图，可以在三维空间中查看它们的关系。最后，"正面/背面"（Front/Back）选项卡从正面角度显示了机身的相同点，这就像分别俯视飞机的线框模型的鼻子和尾巴。

在创建机身时，采取以下方法是有意义的（请注意，以下各节将讨论下面提到的参数，并深入探讨每个选项卡）：

从"截面"选项卡开始，设置桩号（通常为20），每侧半径的数目（通常为9）以及车体半径。

参考机身规格（可能只是图像），在"截面"选项卡的横截面中设置其形状的粗略轮廓。

仍在"截面"选项卡中，将这些粗略的截面形状移动到参考点上方或下方的适当距离。转到"顶部/底部"选项卡，并在三个维度（可能参考背景图像）中拖动点。在三个选项卡之间交替显示以微调形状。

4.3.2.2 "截面"选项卡

在"截面"选项卡窗口的顶部中心位置,有一个复选框,标记为"飞机有机身"。默认情况下,此框为选中状态。如果飞机是机翼或其他奇怪的飞机,则可能需要取消检查。

如果需要使用其他文件中的形状数据,则可以使用窗口右上方的按钮,标记为导入飞机机身。这将根据来自另一架飞机的数据来设置机身形状。

可以在窗口右下角的文本框中保存对机身的描述(或有关它的其他说明),标记为"零件描述"。

除了这些其他控件之外,"截面"选项卡还具有 4 个主要的部分,分别是"身体数据"框、"身体位置"框、"身体纹理"框和"横截面"框。

4.3.2.3 "身体数据"框

如图 4-18 所示,窗口的"身体数据"部分控制着机身的基本功能。实际上,这是设计新机身时的第一站。"数字站"(number station)字段设置"平面制作器"将链接多少个单独的横截面以形成飞机的机身。在大多数情况下,将此最大值设置为 20 并不是一个坏主意,因为每个附加的位置将可以更好地控制身体的形状。无论如何,可能要在考虑到机身两个封闭端的部分数量上加 2。例如,如果在观察身体时看到 13 个"真实"部分,则可以在此处输入 15 个测站;13 个"真实"部分,它们在鼻子和尾巴的某个点相遇,总共 15 个。

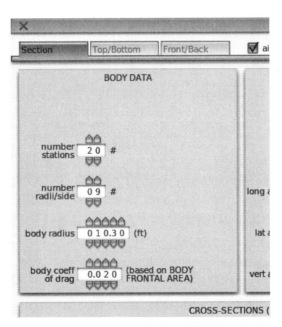

图 4-18 "截面"选项卡的"身体数据"部分

"半径/边数"值设置在横截面的每一半中使用的点数。除非飞机的机身形状非常简单,否则可能最多要使用 9;这将使身体上的曲线尽可能地平滑。

"主体半径"设置控制窗口下半部分的横截面视图的宽度。为了在放置组成机身的点时获得最大的精度，应将其设置为机身的实际最大半径。但是，若将其设置的过高，会导致看不到所有的点。

窗口的"身体数据"部分中的最终设置（标记为"阻力的身体系数"），是基于其前部面积的阻力系数。这确定了机身产生的阻力。平均机身的阻力系数为 0.1，而非常光滑的机身的阻力系数为 0.025。

4.3.2.4 "身体位置"框

"机身"对话框的"身体位置"部分控制着机身的位置，如图 4-19 所示。三个标准位置控件指定机身前端的空间点。

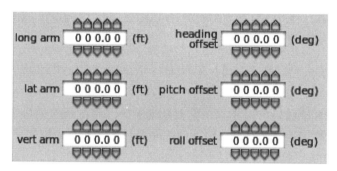

图 4-19 "身体位置"框

由于"平面制作器"中所有位置测量值都是相对于参考点的，因此机身位置可以是任何东西，飞机的其余部分只需相应地定位即可。但是，许多飞机设计人员更喜欢将参考点作为飞机的前端。在这种情况下，机身位置将从参考点偏移零英尺。

4.3.2.5 "身体纹理"框

"身体纹理"框用于微调飞机上的绘制纹理（也称为皮肤或涂装）。

4.3.2.6 "横截面"框

"横截面"框显示飞行器机身的切片。"机身数据"框中设置了机身数量，机身上只有一片，每一部分都放在一个网格白色方框中，如图 4-20 所示。每个切片均在"身体数据"框中的"数字半径/边"参数中指定的点数组成。由于大多数设计保证每边最多 9 个半径，因此每个切片可能由 9 个点组成。

在构建模型时，Plane Maker 会将这些切片缝合在一起，因此所有横截面将形成一个完整的飞机机身。

将每个带有网格的白色盒子称为包含机身的"切片"。实际上，它们每个都包含一个半切片。此处看到的 9 个点（或已设置的许多半径/面）组成了切片的右侧。它们将在左侧再映射 9 个点，总共 18 个（或大约）点构成一个"完整"切片。

根据屏幕的宽度，一次最多只能看到其中的 12 个半切片。如果设置了更多的"工作站"，则可以使用左右箭头在看不到的切片之间循环。这些箭头在图 4-21 中的方框中突出显示。

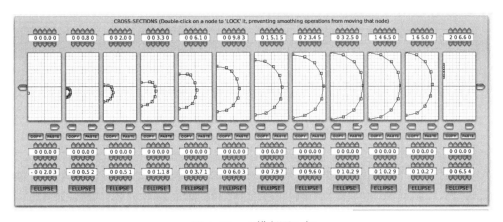

图 4-20 "横断面"框

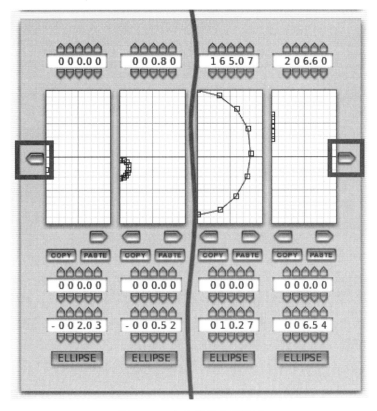

图 4-21 左右箭头突出显示

每个站的顶部是一个输入字段,用于控制此特定切片将在参考点后面多远。例如,在图 4-22 的示例横截面中,切片位于参考点之后 15.15 ft (由图中标记为 1 的框表示)。因此,在以鼻尖为参考点的飞机上,该截面距离鼻尖约 15 ft。当然,此处的横截面可能为负值,并在参考点之前移动。

请注意,Plane Maker 会将横截面按照在此框中显示的顺序(从左到右)缝合在一起。即使距此框中设置的参考点的距离并不总是从左到右增加。这样,机身可能会伸出来,或

图 4-22 单个横截面图或"工位"

者以某种方式向内弯曲。

"横截面"框本身是带有网格的白色框，在图 4-22 中标记为 2。单击任意点并将其拖动以重新定位，从而重新调整机身的这一部分的形状。双击一个点以锁定其位置，以防止其被平滑。（请注意，下面的"平滑机身"部分介绍了平滑操作）

有时在编辑这些横截面点的过程中，放大或缩小或移动横截面可能很有用。可以使用-和=键进行缩放，也可以使用向左、向右、向上和向下箭头键移动这些部分。这不会影响模型本身。它仅在编辑时更改模型的视图。要返回默认的缩放级别和默认位置，只需单击"交叉部分"框本身下方的"重置编辑偏移量"按钮。

"横截面"框下方的左右箭头（在图 4-22 中标记为 3）用于将整个横截面分别复制到桩号的左侧或右侧。如果在已经拥有的工作站上进行操作之后添加了新工作站，这可能会很有用。在这种情况下，从先前工作的电台的最右边开始，然后按向右箭头。然后，向左移动并继续按"向右复制"按钮，直到到达需要新站点的位置时停止。

在这些向左复制和向右复制按钮下面是常规"复制"和"粘贴"按钮，在图 4-22 中标记为 4。按下要复制的横截面下方的"复制"按钮，然后按下要复制到的横截面下方的"粘贴"按钮。

常规"复制"和"粘贴"按钮下方是两个字段，用于设置给定点相对于参考点的左/右和上/下位置。与使用鼠标所能达到的精度相比，这在放置横截面的各个半径点时具有更高的精度。单击横截面中的任何点（在图 4-22 中标记为 2），以查看其到参考点的侧面以及上方或下方的距离。选择点后，使用图 4-22 中标有 5 的框更改其到参考点一侧的距离。这里的正值表示一个点在参考点的右侧。图 4-22 中标有 6 的方框设置点在参考点之上或之下的距离，并使用正值指示其在参考点之上。

最后，在每个工作站的底部是椭圆按钮，在图 4-22 中标记为 7。单击此按钮会将上面的横截面四舍五入为最接近，平滑弯曲的椭圆。但是，它将这样做，而不会修改已锁定的任何点。要锁定一个点的位置，双击它；而不是在横截面视图中以白色填充的框表示，它将变为黑色。

4.3.2.7 "顶部/底部"选项卡

"机身"对话框的"顶部/底部"选项卡显示了在三个不同视图中缝合在一起的机身横截面"切片"。也就是说，它显示了从横截面形成的完整机身的俯视图、侧视图和仰视图。（请记住，这些横截面可能最初会在手册的前面部分中介绍的"截面"选项卡中进行布局。）

要对桩号进行整形，只需单击组成桩号的半径点并将其拖动即可。就像在"截面"选项卡中一样，可以双击一个点以将其锁定，以防止以后的平滑操作在其上移动它。

标准移动控件（向上、向下、向左和向右箭头，以及-和=缩放键）均可以在此窗口中按预期操作，从而允许放大或缩小并在视图中移动。

现在，这三个视图（顶部、侧面和底部）如何组合在一起？这一切都始于侧视图，尤其是左侧视图。组成左侧的点在右侧镜像，类似于"截面"选项卡的横截面视图的半切片镜像以形成完整切片的方式。侧视图中的大致水平的中线对应于顶视图和底视图中的最高和最低线。

顶视图和底视图在上半部分和下半部分中反映出来；在顶视图的上半部分中拖动一个点将在该视图的下半部分中拖动其相应的点（除了在侧视图中拖动相同的点之外）。它们之所以这样，是因为左侧视图本身在右侧镜像。顶视图显示了左侧和右侧的上半部分。

窗口顶部有两个按钮，将此部分重置为垂直并将所有部分重置为垂直。通常，在编辑机身点的过程中，由于使用鼠标的不准确性，给定部分的点纯属偶然而无法对齐。这就是这些按钮所在的位置。例如，在图4-23的示例机身中，可能需要单击"将所有部分重置为垂直"按钮，从而使每个横截面中的点对齐。

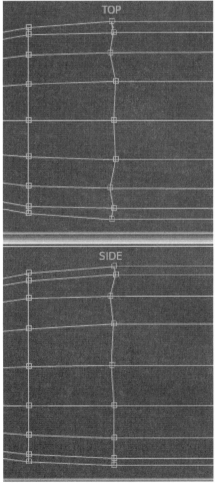

图4-23　重置为垂直

但是，在某些情况下，最好不要将所有部分垂直对齐。在这种情况下，如果想对齐图 4-23 所示的非常规部分，则需要首先单击要对齐的部分中的一个点。然后，在有效地告诉 Plane Maker 要修改的部分之后，单击"将此部分重置为垂直"按钮。

在此窗口的底部是用于加载图像、清除图像或在缩放过程中锁定的按钮。这对于正确安排观点很有用。例如，可以拍摄飞机的两张比例图（一个在顶视图和底视图中使用，一个在侧视图中使用）并拖动半径点以与此图像匹配。

例如，在图 4-24 中，将两个比例尺图像切成相同的大小，图像的中心对应于机身的中心，然后将图像加载到 Plane Maker 中。从那里，只需拖动最外面的点（或视情况而定，最上面的点）以匹配图像中机身的边缘。然后，拖动内部点以匹配机身的已知形状。

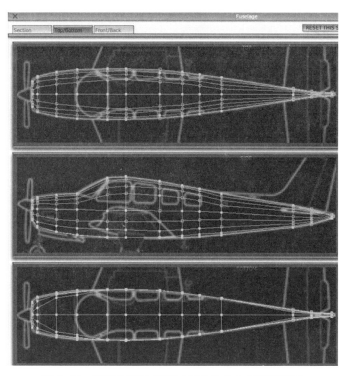

图 4-24　使用比例尺图纸对机身的各个点进行布局

4.3.2.8　"正面/背面"选项卡

机身对话框的"正面/背面"选项卡包含横截面的两个视图，即正面和背面。前视图显示了前十二个测站（如果要显示十二个测站），就像俯视线框机身模型的鼻子一样。另一方面，后视图显示了最后十个测站（同样，如果要显示十个测站），就好像站在尾部向下看线框模型一样。

标准移动控件（向上、向下、向左和向右箭头，以及-和=缩放键）都可以在此窗口中正常运行。使用箭头键，也可以将导线模型移到整个机身上，而不是一半。

这两个视图中显示的半径点的操作与其他两个选项卡中的半径点相同。只需单击一个点并将其拖动即可更改那里的机身形状。也可以双击一个点以防止在以后的平滑操作中更改它（在下面的"平滑机身"部分中进行了描述）。

如同在"顶部/底部"选项卡中一样，此选项卡中提供了"将此部分重置为垂直"按钮和"将所有部分重置为垂直"按钮。但是，将它们的使用限制在"顶部/底部"选项卡可能是明智的，因为无法在此视图中看到其效果（该视图本质上没有透视图）。同时相距很远的点看起来相同作为具有相同上/下和左/右位置的更近点。

4.3.2.9 平滑机身

可以在机身上执行的最基本的平滑操作是将单个横截面平滑为椭圆形。使用"机身"对话框的"截面"选项卡中的"椭圆"按钮可以完成此操作。

也可以执行此平滑操作的更深远的版本。使用"特殊"菜单中的"椭圆平滑机身"选项（或 F1 键），将使机身的所有横截面朝椭圆形移动，这将使用"椭圆"按钮获得。重复使用"椭圆平滑机身"（或按 F1 键）将具有与单击机身所有工作站上的"椭圆"按钮相同的效果。

4.3.2.10 将其他实体添加到机身

一些飞机上有奇怪的凸起物（如从机身下方戳出的大型油箱），甚至附有特殊的物理物体。在这种情况下，最好将机身本身建模为没有这些东西。相反，可以将这些事物建模为与机身相交的单独"实体"（物理对象）。X-Plane 不在乎飞机底侧的大突起实际上是机身的一部分，还是仅仅是另一个接触机身的物体；它将以相同的方式为空气动力学建模。在这种情况下，可以使用"标准"菜单中的"其他实体"对话框为其他事物建模。

在此窗口中创建的每个实体的建模几乎与机身相同；每个机身都有一个"截面"，"顶部/底部"和"正面/背面"选项卡，就像机身一样。要添加新的机身，只需单击窗口顶部的新选项卡，然后选中标有"飞机有此外部燃油箱，浮标或其他外部机身的"（aircraft has this external fuel tank, float, or other external body）复选框，如图 4-25 所示。可以在此对话框中最多添加 20 个其他实体。

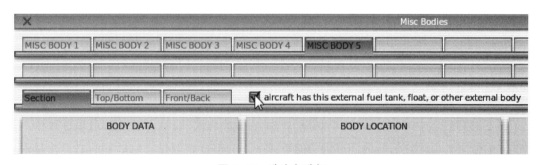

图 4-25 选中复选框

最后，请注意"横截面"框中位于工作站之间的"插入"按钮。单击此按钮将在按钮左侧和右侧的站点之间插入一个新站点。从那里，可以使用"复制"和"粘贴"按钮来移动工作站。请注意，只有少于 20 个电台时，才能使用"插入"按钮。

4.3.2.11 塑造机翼

Plane Maker 中的机翼由单独的机翼部分组成。一个非常简单的机翼可能由一个机翼部分组成，而一个非常复杂的机翼可能由 4 个或更多机翼部分组成。每个机翼部分都可以添加控制面，如副翼、升降机或襟翼。此外，每个机翼部分可以具有独立于其他部分而设置的横截面形状（其翼型）。

4.3.2.12 设置基本功能

要创建和修改机翼截面，请从"标准"菜单中打开"机翼"（Wings）对话框。

Wings 对话框包含许多选项卡，它们的内容看上去都相同。它们之间的唯一区别是，标有"机翼"和"水平稳定器"的翼片控制着在机身两侧镜像的两个相同的机翼部分，而标有"垂直稳定器"的翼片仅控制一个机翼部分。

单击任何选项卡时，将在窗口中看到三个框："箔规格"框、"纹理微调"框和"元素规格"框。

"箔规格"框控制着机翼截面的所有基本属性。所有机翼部分均具有以下属性：

(1) 半长，即机翼部分从其根部到其尖端的长度。
(2) 根弦长度，即最靠近机身的机翼部分的宽度。
(3) 尖端弦长，即距机身最远的机翼部分的宽度。
(4) 后掠角，即机翼所指向的后向或前向角度（从上方观察）。
(5) 二面角，即机翼部分相对于水平方向的向上或向下角度。

图 4-26 显示了箔纸规格，不包括位置控件；有关使用标准位置控件的信息，请参阅本章开头的"如何在 Plane Maker 中设置位置"部分。

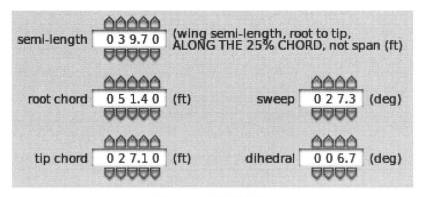

图 4-26　箔规格参数

在大多数情况下，机翼由不止一个机翼部分组成。在这种情况下，可以手动指定外机翼部分的位置，以便它们与最靠近机身的下一个部分汇合。但是，对话框的右上角是一个下拉菜单，标有"snap to"。要将机翼截面与另一个机翼对齐，即使 Plane Maker 自动将要应用捕捉的截面的根与所选截面的顶端对齐，只需单击下拉按钮，然后单击机翼要捕捉的部分。

"箔规格"框右侧是纹理框，用于微调飞机上的涂漆纹理（也称为皮肤或涂装）。窗口下半部分的"元素规格"框确定了副翼、升降舵、襟翼或其他控制面在机翼表面上的位置。

4.3.2.13 添加副翼、襟翼和其他控制面

若要在给定的机翼部分添加诸如升降舵、方向舵、副翼或襟翼之类的控制面,则必须告知 Plane Maker,希望机翼上的每个控制面在何处,并且必须定义控制面本身。第一部分使用"机翼"对话框中的"元素规格"框完成,而第二部分通过"标准"菜单启动的"控制几何"对话框完成。执行这些操作的顺序无关紧要。

在"控制几何"对话框中开始。至少直到第一次试飞之后,此对话框中唯一需要关注的是"控制"选项卡。

在"控制"选项卡中,可以创建许多可能的控制表面,从副翼到升降机再到方向舵再到快刹车再到襟翼,所有这些都以类似的方式工作。在标记为"控制尺寸"的框中,窗口的左半部分设置了副翼、升降舵、方向舵、侧倾扰流板、方向舵和减速器。窗口的右半部分标有"襟翼规格",仅设置襟翼和板条。

4.3.2.14 指定副翼、升降机和其他曲面

"控件几何"的"控件"选项卡的右半部分标记为"控件大小",它用于除襟翼和板条之外的所有控件表面。

图 4-27 显示了用于指定单个控制面(即副翼)的参数。这里有 4 个输入字段。最左侧是控制面的根侧宽度,即放置在机翼部分弦长上的小数部分。因此,如果将此根部宽度设置为 0.50 并用于根部为 5 ft 宽的机翼,则控制面在最靠近机身的一侧的宽度为 2.5 ft。

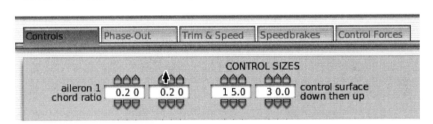

图 4-27 单一的代表性控制面规范

根部宽度的右侧是叶尖宽度,也指定为其所放置翼的小数部分。因此,如果将尖端宽度设置为 0.1,并且将其用于尖端为 10 ft 宽的机翼,则控制面在距机身最远的一侧的宽度为 1 ft。

根部和尖端宽度这两个参数在所有可用的控制面上都具有相同的功能。这两个大小参数的右边是控制曲面可以移动多远的字段(以度为单位)。例如,在图 4-27 的副翼中,从左到右分别是副翼可以上偏转的距离及可以下偏转的距离。

副翼、升降舵和舵的规格都遵循相同的模式:根部和叶尖宽度的参数,然后是最大挠度的参数。侧扰流板和尾舵是该模式的例外。它们一次只能移动一个,而且只能向上移动。因此,它们只有一个最大偏转参数。

此外,减速器可能有两个最大挠度:一个用于正常飞行中的操作,另一个用于地面使用。与其他操纵面类型不同,不必将减速器安装在机翼上,也可以将其直接安装在机身上(或其他任何方式)。

4.3.2.15 指定襟翼和板条

"控制几何"的"控制"选项卡的右半部分标记为"襟翼规格",用于设置飞机的襟翼和板条。

板条改变机翼的升力特性。它们允许机翼具有更大的迎角,从而导致较低的失速速度。每架飞机可设置两个板条。使用图 4-28 中所示的参数,可以设置板条的类型:真正的板条或 Krueger 襟翼。(请注意,Krueger 襟翼从技术上讲并不是板条。它们通过从机翼向前倾斜而不是像板条那样从机翼前缘顶部滑动来展开)

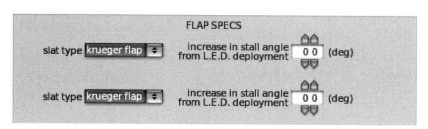

图 4-28 "板条类型"和"增加失速角"设置

"slat type"控件旁边是"由于前沿设备部署而导致的失速角增加"参数,如图 4-28 所示。板条的工作原理是使机翼在不失速的情况下,即在不失去升力的情况下,能够向更高的迎角倾斜。现实世界中的板条可以使机翼获得多达 8°的迎角而不会失速。

就像板条一样,襟翼改变了机翼的升力特性。它们使机翼以较低的速度产生给定的升力,从而导致飞机以较低的速度失速。每个飞机可以设置两个襟翼。使用图 4-29 所示的参数,可以设置从多种选项中选择的襟翼类型。每种襟翼都有独特的升力,阻力和力矩特性,如襟翼类型设置下方的深灰色框所述。X-Plane 中有 4 种类型的襟翼,如图 4-30 所示。

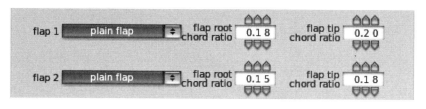

图 4-29 襟翼类型和大小设置

襟翼类型设置的右侧是两个控制襟翼大小的参数。就像设置副翼、方向舵和升降舵时一样,必须在根部和顶部都指定襟翼尺寸。这些被设置为放置襟翼的任何机翼部分的小数部分。

在襟翼类型和大小设置下面是控制每个襟翼的空气动力系数的参数,如图 4-31 所示。Plane Maker 将根据襟翼的大小和挠度自动估计升力(C_l)、阻力(C_d)和力矩(C_m)的系数,但是也可以手动修改这些系数。

如果发现当降下襟翼时真实飞机的速度下降超过 X-Plane 预测的速度,则可能希望将襟翼的阻力系数增加大约 0.01。另一方面,如果发现当降落襟翼时实际飞机的失速速度低于 X-Plane 预测的失速速度,则可能希望将襟翼的升力系数提高大约 0.1。如果发现放下

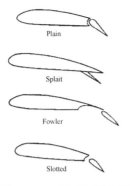

图 4-30　4 种类型的襟翼

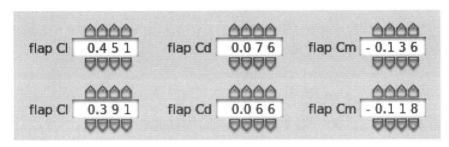

图 4-31　襟翼的空气动力学系数

襟翼时真实的飞机没有像 X-Plane 那样向上或向下俯仰,则可能需要增加或减小力矩系数。例如,将襟翼的 Cm 减小 0.1,以进一步减小倾斜度(或视情况而减小倾斜度)。

在襟翼的系数之下,可以设置襟翼和板条的偏转时间以及制动(或止动点)特性,如图 4-32 所示。襟翼放低时,襟翼偏转时间对于获得适当的俯仰特性至关重要。

选中标有"襟翼在制动器之间可以无限调节"的框,X-Plane 中的飞行员可以按住"襟翼向上"或"襟翼向下"按钮来选择任何襟翼设置,而不仅是制动器上的设置。但是,即使对于具有无限可调襟翼的飞机,将 below 子设置在下方仍然很有用,因为它们将以最大允许襟翼展开速度使用。

襟翼偏转时间参数位于"襟翼无限可调"复选框的下方,如图 4-32 所示。这将设置襟翼从完全缩回到完全伸展所花费的时间(以 s 为单位)。

在襟翼偏转时间下方是襟翼定位器的数量,如图 5-32 所示。棘爪是襟翼的止动位置,介于完全缩回和完全伸展之间。通用航空飞机可能只有一个或两个停靠站,而客机可能有更多的停靠站。

最后,在棘爪数量下方是棘爪参数本身,每个襟翼和板条都有一组棘爪盒。每个框在该定位器上设置襟翼/板条的偏转度。请注意,这里的盒子比上面设置的棘爪数量多。这是为了解决"零位"棘爪,在大多数飞机中,这里襟翼偏转为 0°。

例如,在图 4-32 中,设置了三个襟翼棘爪。因此,"挡板 1"有 4 个框,"板条 1"有 4 个框,依此类推。

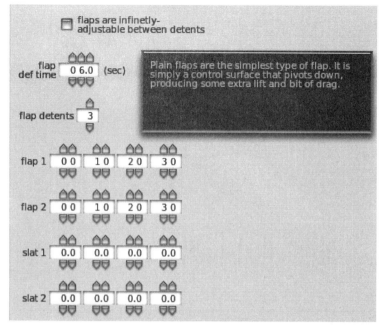

图 4-32　襟翼和板条的定位特征和偏转时间

5.3.2.16　将控制面添加到机翼

如上所述，在"控制几何"对话框中都设置了控制面（电梯、副翼、舵、襟翼等）之后，可以将这些控制面实际添加到机翼了。需要为每个机翼部分分别设置操纵面。

从"标准"菜单中打开"机翼"对话框。每个机翼标签的下半部分都有一个标有"元素规格"的框，如图 4-33 所示。

图 4-33 中突出显示的方框 1 用于控制将要切入的机翼部分的数量。机翼部分将被分成许多等大小的部分。

首先，它们代表 X-Plane 将在其机翼上划分部分，以计算其飞行模拟力。该模拟通过将机翼分成多个部分，计算这些部分上的力，并对所有部分上的力求和，以使飞机整体移动来进行工作。

这些片段还用作分隔区域，控制表面在这些区域上延伸。例如，在图 4-33 中，前 4 个部分将在其上带有"襟翼 1"（flap 1）。同样，最后 5 个部分将在其上贴上"副翼 1"（aileron 1）字样。

"元素规格"框的下一个功能。方框 2 突出显示的是单个控制面（"襟翼 1"），选中的框对应于其所在的机翼部分。

机翼部分被分成许多相等大小的部分。这些零件在这里从左到右，从根部到机翼部分的顶端都表示出来。因此，当选中最左边的复选框时，这意味着该机翼部分中最靠近机身的那块具有该控制表面。在图 4-33 中，最靠近机身的 4 个部分都具有襟翼 1。

选中每个框以获取机翼部分具有的控制表面。（再次注意，如果按照上面"指定副翼，升降舵和其他曲面"和"指定襟翼和板条"部分中的说明设置了控制面，这些框实际上只会对机翼起作用。）

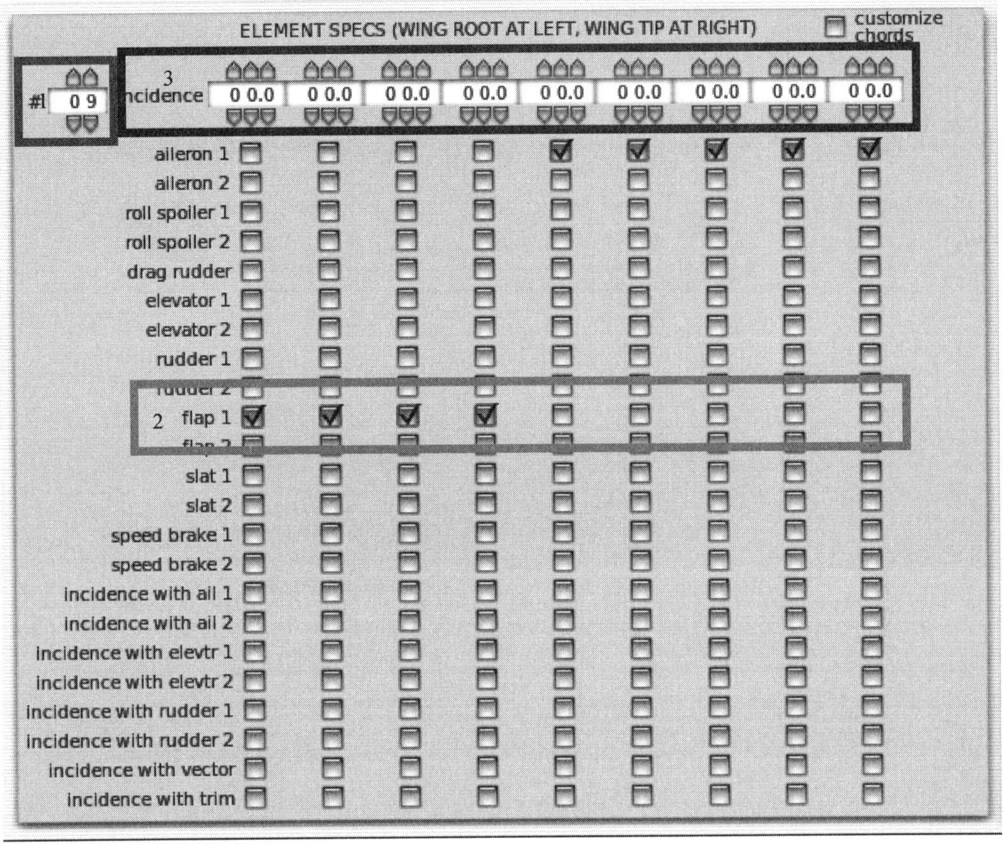

图 4-33 "元素规格"框，指定机翼截面的控制面

当确定给定的控制面使用"特殊"菜单中的"显示带有静止/运动控件"选项时，决定使用多少个机翼部分可能会很有用，如图 4-34 所示。这将使 Plane Maker 移动飞机模型的所有控制表面，可以立即看到该表面延伸到的位置。

4.3.2.17 添加身体固定的刹车

可以用两种方式之一将减速板添加到飞机上。第一种也是最常见的方法是在"控件几何"对话框的"控件"选项卡中指定它们，如上面"指定副翼、升降机和其他曲面"部分中所述。也可以将它们直接添加到飞机的机体（如机身、机翼等）上，并使用标准的 Plane Maker 位置控件将其放置。

在"控制几何体"对话框的"速度制动"选项卡中创建了此类安装在机身上的速度制动。再次从"标准"菜单中打开"控制几何"对话框。

使用此选项卡，最多可以将 4 个安装在身上的快刹车添加到飞机上。如图 4-35 所示，每个速制动器都有一个箱子。

由于每个速度制动都是以相同的方式创建的，因此我们将查看用于创建单个速度制动的参数。

首先选择刹车的类型。图 4-36 中标有 1 的下拉框选择"无"或"主体安装"类型。您不使用的任何速刹盒都应为其设置"无"类型。同样，如果确实打算使用身体上安装的

图 4-34　显示飞机的控制面正在移动

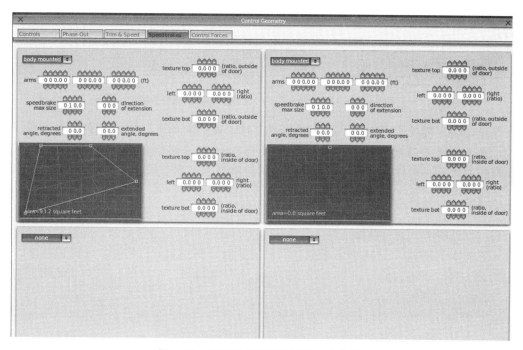

图 4-35　用于创建车身速刹的 4 个盒子

制动器,请将其类型设置为"身体上安装"。

在打开要使用的任何车身上安装的制动器后,就可以跳到图 4-36 中标记为 5 的几何形状框中。X 平面中的速度制动器是二维的,最多由 4 个点组成。单击远离任何现有的点以创建一个新点,然后单击一个点并将其拖动以更改速刹的几何形状。请注意,此处的速度制动几何形状框的最大宽度由"速度制动最大尺寸"字段确定。

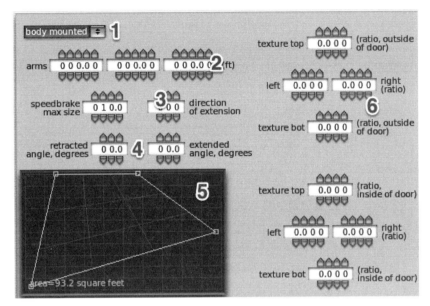

图 4-36　用于创建单个车身安装式制动器的控件

在至少创建了一个粗略的刹车模型后，可以将其放置在飞机上并设置其伸展和缩回角度。

要开始定位刹车，可以设置标准位置控件，在图 4-36 中标记为 2。这些在这里以纵向—横向—纵向顺序从左到右呈现。

接下来是它的"延伸方向"，位于减速器类型控件的下方，并在图 4-36 中标记为 3。0°使速刹点笔直向上，而 180°则使速点向下。

在下面的是减速器的打开和关闭角度，在图 4-36 中标记为 4。左边的参数是减速器缩回时的角度，右边的一个是延伸时的角度。此处的正值将导致制动器向上铰链，而负值将导致制动器向下铰链。

每个快速刹车盒中的最终设置（在图 4-36 中标记为 6）与其油漆纹理有关。

4.3.2.18　自定义机翼的碎片（针对入射角，大小和位置）

在"元素规格"框中（用于将控制面应用于机翼零件的同一框）是零件入射设置，在图 4-33 中以方框 3 突出显示。这将以度为单位设置每个零件的向上角度（或入射角）。这使机翼部分可以弯曲向上或向下。

使用标记为"自定义和弦"的复选框，可以为每个片段将机翼部分的宽度从其前缘更改为后缘（即其弦长）。修改作品就像在作品上添加控制面一样；最左边的框对应机翼部分最靠近机身的部分，而最右边的框对应于最远离机身的部分。

通常，Plane Maker 通过在根弦和尖弦之间进行插值来计算每个弦的弦长（在此是从其前缘到后缘的距离），可以在此选项卡的"箔规格"框中设置该值。但是，使用"弦长比率"设置，可以修改每块的宽度。用 Plane Maker 计算出的弦长值乘以在此处设置的比率，即可得到此弦的实际宽度。

例如，如果 Plane Maker 看到和弦长度应为给定弦的中心 5 ft，而使用的弦长比为 2，则该中心的弦长将为 10 ft。同样，如果选择的比率为 0.5，则其弦长为 2.5 ft。

最后，如图 4-37 所示，"弦长偏移"设置确定了给定弦的向前或向后移动了多远。正值会将机翼部分推到参考点后面，而负值会将机翼部分推到参考点之前。这指定为"平面制作器"计算的弦长的比率。因此，在计算出的弦长为 5 ft，弦偏移为 0.5 的情况下，给定的弦将被推到比参考点更远的 2.5 ft 的位置。

使用以上设置可自定义机翼截面尺寸和形状的细节。

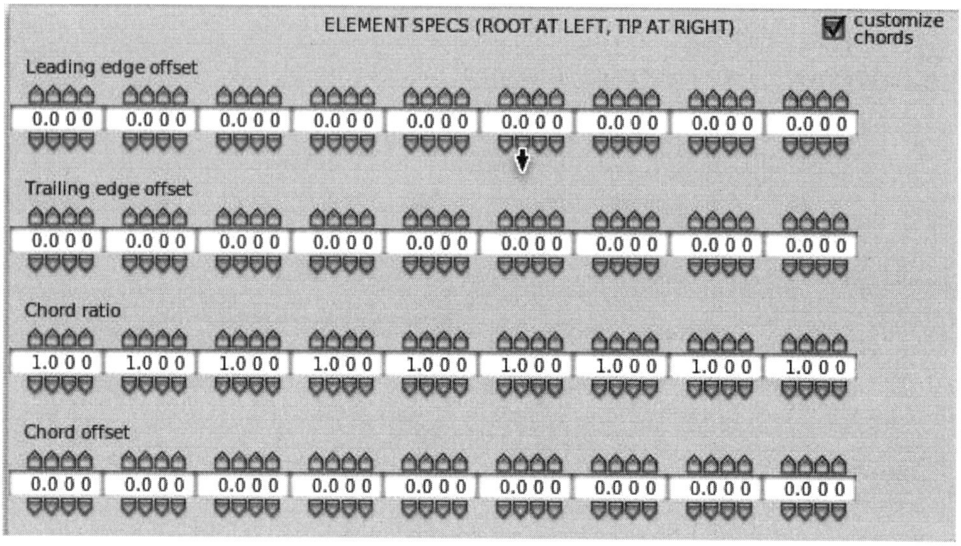

图 4-37 自定义飞机的弦长和位置

4.3.2.19 设置机翼的机翼

在标准"机翼"对话框中创建机翼仅指定机翼的大小，位置以及其指向的方向，而没有指定机翼的形状。为了告诉"飞机制造商"机翼的形状（横截面），需要"机翼"对话框，该对话框是从"专家"菜单中启动的。

每个机翼部分可以设置 4 个不同的机翼。这 4 个机翼分为两组，一组用于高雷诺数，另一组用于低雷诺数。每组的根部有一个翼型，尖端有一个翼型。然后，将这些翼型形状在根部和叶尖之间的部分线性混合在一起，然后将两组（低和高雷诺数集）在雷诺数之间融合在一起。

机翼形状本身必须使用单独的 Airfoil Maker 应用程序创建，该应用程序与 Plane Maker 类似，包含在 X-Plane 安装文件夹中。X-Plane 不会查看机翼的形状，而是决定翼片将要升起多少升力、阻力等。X-Plane 并非计算流体动力学程序。取而代之的是，X-Plane 使用预定义的机翼，该机翼列出了任何机翼的性能（升力、阻力、力矩），以预测飞机将如何通过该翼片飞行。若要在创建机翼后将机翼形状应用于机翼，请打开"专家"（EXPERT Foils）菜单，然后单击"机翼"。在"机翼"对话框中，转到"翼"（Wing）选项卡。在这里，可以为每个机翼部分设置根部和翼型的两个版本。如图 4-38 所示，左侧的箭用于截面的根部，右侧的箭用于尖端。平面制作器将在根部和顶部翼型之间进行插值，以创建机翼部分中间的形状。

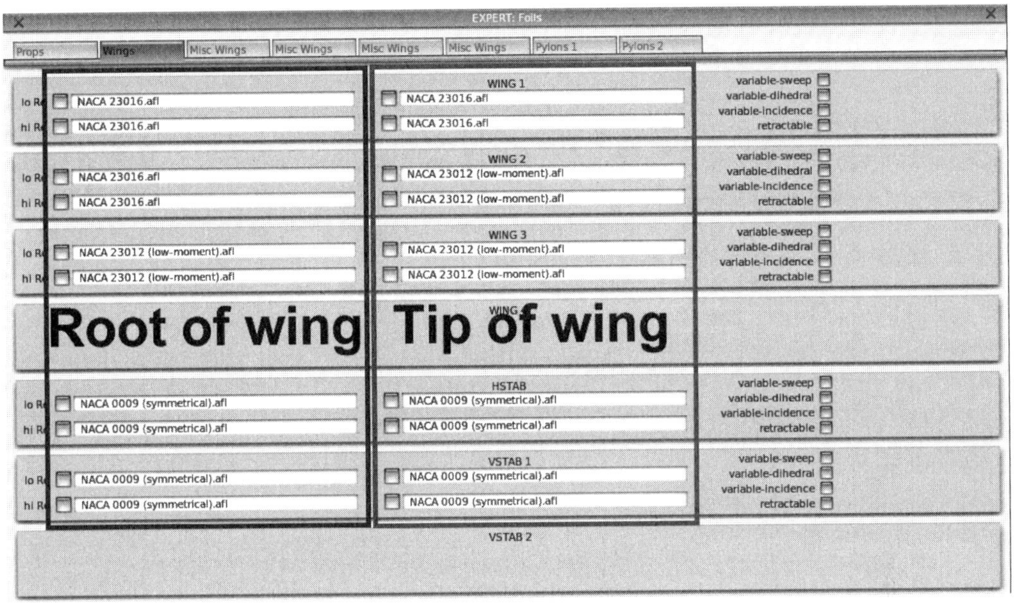

图 4-38 根部和尖端翼型

每个机翼盒中最上面的两根箔纸指定了箔纸的低雷诺数版本；底部的一对指定高雷诺数版本。当雷诺数介于高值和低值之间时，X-Plane 将在这两者之间进行插值。

4.3.2.20 使机翼移动

像在现实世界中一样，X-Plane 中的翅膀不必是静态的。它们可以向前或向后扫动，可以向上或向下倾斜，甚至可以缩回。

在"机翼"对话框（从"专家"菜单中启动）中，每个机翼都有一组 4 个复选框，如图 4-39 所示。

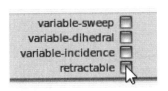

图 4-39 "机翼"对话框中用于使机翼移动的参数

4.3.2.21 设置可变机翼扫描

选中图 4-39 中标有"可变扫掠"的第一个框，可以设置最大机翼扫掠度（以度为单位）。这里的正值将使机翼在参考点后面进一步倾斜，而负值将使机翼在参考点之前倾斜。图 4-40 说明了这种可变扫描。

机翼后掠角的测量方法是沿翼弦 25%（即沿机翼前缘后 25%的直线）的后掠角，在此处设置最大扫描。在"机翼"对话框（从"标准"菜单中打开）中找到的最小机翼设

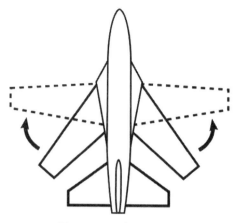

图 4-40 可变机翼掠航

置为默认机翼。

可变机翼扫掠在接近或超过声速的飞机中很有用,但在低速时也必须表现良好。随着速度向马赫数 1 加速,与空气迎面相遇的机翼会产生越来越多的阻力。可变后掠机翼在军用飞机中最为流行(如 B-1 Lancer 和 F-14 "雄猫")。

要在 X-Plane 中使用可变扫描,可以将扫描控件添加到仪表板。或者可以在"操纵杆和设备"对话框中为"向后矢量扫掠"和"向前矢量扫掠"控件分配按钮或按键。

4.3.2.22 设定可变机翼二面角

选中"机翼"对话框中标有"可变二面角"的框,可以更改机翼在飞行中水平面上方或下方的角度。

在此输入正值对应于从水平方向向上的角度(如图 4-41 中的机翼)。同样,输入负值将对应于向下的角度。相对较高的二面角会增加机翼上的"二面角效应",也就是说,机翼趋于稳定飞机并使其水平滚动。

图 4-41 机翼二面角,机翼的向上角度

4.3.2.23 设置可变机翼发生率

选中"机翼"对话框中标有"可变入射角"的框,可以更改机翼在飞行中的迎角。该角度称为入射角,如图 4-42 所示。

在此处输入最大入射角,以度为单位。正值对应于从侧面观察飞机时机翼的向上角度,而负值对应于向下角度。

大多数飞机使用较小的正入射角,以便在飞机巡航时保持机身水平。因此,随着飞行

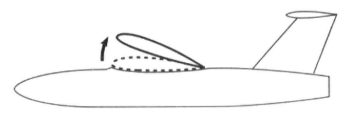

图 4-42 高机翼平面上的可变机翼入射角

器的飞行，改变入射角也将改变机身的角度。

4.3.2.24 使翼可伸缩

机翼菜单中的最后一个动态机翼复选框标记为"可伸缩"，选中此框，然后将最大回缩设置为机翼部分半长的比率。例如，如果机翼部分的长度为 10 ft，并且将最大缩回比设置为 0.5，则该部分最多可以缩回机身 5 ft。

4.3.2.25 添加更多机翼部分

在某些情况下，在"机翼"对话框中找到的 4 个"常规"机翼部分，两个垂直稳定器部分和一个水平稳定器部分不足以准确地对飞机机翼建模。在这种情况下，可以通过从"标准"菜单启动"杂项翼"对话框来添加更多的翼部分。

像在常规"机翼"对话框中一样，此处的机翼部分被添加和修改，但有一个例外：机翼部分未在整个身体上镜像。相反，当需要在飞船的每一侧复制一个截面时，需要创建机翼截面，因为它应该在飞船的右侧，在将该截面复制到新的其他机翼选项卡单击"铝箔规格"框中标记为"（左翼）"的单选按钮，如图 4-43 所示。

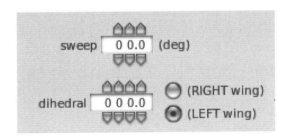

图 4-43 在飞机左侧添加机翼部分的单选按钮

4.3.2.26 塑造机尾

典型的飞机尾翼由水平稳定器和垂直稳定器组成。考虑到这一点，"机翼"对话框（从"标准"菜单启动）中有两个垂直稳定器部分和一个水平稳定器机翼部分。这些机翼部分的形状就像标准机翼一样，如上一节"塑造机翼"中所述。

如果需要的机翼截面多于"机翼"对话框中的部分，则可以使用"其他机翼"对话框添加更多的截面。

4.3.3 设置系统和内部属性

飞机的系统包括电气、液压、燃油、航空电子、飞行控制和推进子系统。除了适当地影响飞行模型外，还可以将这些系统设置为在 X-Plane 中失效，从而使飞行员能够练习应对突发事件。

4.3.3.1 创建发动机

飞机的发动机以及任何相关的螺旋桨，推进器等构成其推进子系统。

要开始创建飞机的发动机，请打开"标准"菜单，然后单击"发动机规格"。"发动机规格"对话框的"位置"选项卡是最好的起点。在这里，可以设置发动机和螺旋桨的数量、类型、位置和其他属性。根据选择的发动机类型，此处可用的参数会有所不同。

首先，使用对话框顶部的框设置飞机上的发动机数量。将显示许多列，每个列对应于指定的每个发动机。使用每列顶部的下拉菜单设置每个发动机的类型。发动机类型将确定哪些参数可用于发动机。除其他因素外，它还将影响发动机产生的声音及其汲取的燃料流。

4.3.3.2 所有发动机类型共享的功能

无论在"位置"选项卡中选择了哪种发动机类型，都必须设置发动机的一些特性。其中包括发动机的位置、燃油消耗特性以及性能最佳的高度。

4.3.3.3 位置

所有发动机类型都必须在"位置"选项卡中指定位置。这是通过使用标准位置控件以及垂直和侧面倾斜进行的。垂直倾斜的正值将导致发动机朝上。当从上方观察飞机时，侧面倾斜的正值会导致发动机向右倾斜（顺时针）。

使用"side cant"参数下方的复选框，所有发动机类型也可以选择矢量化。

4.3.3.4 油门设置

除了其位置外，所有发动机还必须具有其节气门设置的一些特征。这些位于"发动机规格"对话框的"描述"选项卡的"常规发动机规格"框中。图 4-44 显示了与大多数发动机类型相关的参数。

其中第一个是一个发动机故障时的最大油门，以及所有发动机运行时的最大油门。除此以外，这些可用于微调发动机的性能，以匹配现实世界中测得的性能。为了与发动机的实际性能相匹配，通常使用最大油门为 0.80 的情况是不常见的，因为制造商通常会将发动机保持在标称功率的 75% 或 80% 以内，以确保安全和可靠的性能。将一些备用电源留给紧急操作时，允许 100% 以上的电源也很有意义。一台发动机发生故障时的最大油门设置为发生发动机故障时可用的最大油门。

请注意，Plane Maker 中的所有发动机规格都是针对全油门设置的。因此，如果将最大油门从 1.00 移开，则在 Plane Maker 中设置的发动机特性将与 X-Plane 中的性能不匹

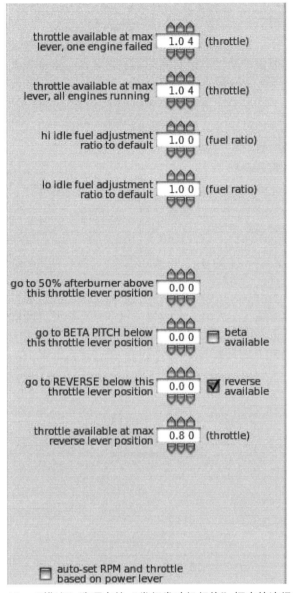

图 4-44 "描述"选项卡的"常规发动机规格"框中的油门设置

配。接下来是低和高怠速调整框。在低怠速和高怠速情况下,Plane Maker 都会自动估计发动机的怠速位置。使用此框可以更改空转速度,以默认 Plane Maker 估算值的比率进行。在这些下方是加力燃烧室设置。将此设置为零,以允许面板开关控制燃烧器的液位。

接下来是"转到此油门杆位置下方的 Beta 螺距"(go to BETA PITCH below this throttle lever position)框。在具有反向推力的发动机中,Beta 范围可在改变叶片螺距的同时保持恒定的 RPM,从而可以在地面上更好地控制飞机的速度。使用此参数框设置操纵杆的油门比例,在该比例下可以切换到 Beta 条件。例如,如果要在操纵杆处于其油门范围的 25% 时转到 Beta,则可以将此框设置为 0.25。为了使用此规范,还必须选中"可用的 beta"(beta available)框。

下方是"转到在此油门杆位置以下反转推力"（go to REVERSE below this throttle lever position）。在具有此功能的发动机中，当试图将大型飞机降落在短距离内时，反向推力会将飞机向后推，这很有用。就像上面相应的 Beta 参数一样，此参数设置为操纵杆的油门比率，如果飞机具有此功能，则必须选中右侧的相应复选框。Beta 模式和反向模式在涡轮螺旋桨飞机和喷气发动机中几乎无处不在。同样，它们在往复式发动机中并不常见。

可以设置的最后一个字段是"在最大后退挡杆位置有油门可用"（throttle available at max reverse lever position）。对于不能反向设定的发动机，最大反向节气门将为零。输入高于 100% 的数字可为紧急情况留一些备用。

"描述"选项卡中的最终设置是"基于功率水平自动设置 RPM 和油门"（auto-set RPM and throttle based on power lever）复选框，如图 4-44 底部所示。一些飞机会根据油门位置自动设置道具 RPM。要在动力杆处于怠速、中途和最大时手动设置 RPM，请选中此框，然后在出现的其他三个字段中调整值。

4.3.3.5 临界海拔高度和 FADEC 特性

如果不进行修改，大多数发动机输出的功率越高，输出的功率就越少。高海拔地区稀薄的空气只会燃烧较少的氧气。因此，大多数飞机都具有临界高度（高于海平面的高度），超过该高度它们将无法再产生全部动力。在低于此高度时，仍可使用全功率。图 4-45 显示了"关键海拔高度"框，该框位于"发动机规格"对话框的"描述"选项卡的顶部。在该框中，"临界高度"设置以高于平均海平面的英尺为单位指定。

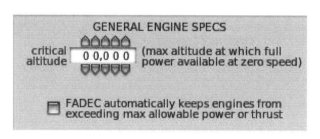

图 4-45　"关键海拔高度"框

4.3.3.6 升压特性

所有内燃发动机（喷气发动机和往复式发动机）都可以应用增压。这可以有两种形式：抗爆药或一氧化二氮（N_2O）增强剂。将抗爆剂注入发动机后，发动机的燃烧室被冷却，从而增加了发动机中气体的密度并提高了发动机的压缩比。它还可以冷却发动机，使其以高于其原本应有的 RPM 运转。另一方面，一氧化二氮在注入发动机后会迅速分解。如果这样做，它会增加燃烧过程中可用的氧气量。像抗爆药一样，N_2O 的蒸发也会使发动机冷却。

要告诉"飞机制造商"飞机有助推能力，请转到"发动机规格"对话框的"假脱机/升压"选项卡。在标签为"PROP AND JET BOOST"的框的左侧，有两个用于增强的参数，如图 4-46 所示。

X-Plane 不会区分增强剂的来源，无论是抗爆剂还是一氧化二氮。相反，它只需要知

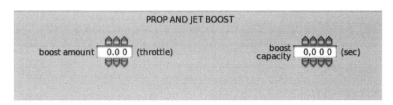

图 4-46 增压设置

道能带来多少提升。将"升压量"（boost amount）框设置为从发动机获得的升压量，作为与正常的非增强型发动机性能的比率。因此，如果一氧化二氮系统将发动机的功率提高了50%，则可以将"升压量"参数设置为 0.50。

接下来，将"增强容量"（boost capacity）框设置为以秒为单位的时间长度，可以在增强用尽之前使用它。

要在 X-Plane 中使用增压，只需将油门推至最大即可，提升将自动开始。

4.3.3.7 增强假脱机

适用于螺旋桨驱动和喷气发动机的设置是"发动机规格"屏幕的"加速/升压"（Spool up/Boost）选项卡中的"加速时间"（PROP/TURBOPROP TIMES）选项，在图 4-47 中以方框突出显示。该数字由发动机的惯性量确定，并且仅适用于涡轮发动机，如涡轮螺旋桨发动机和喷气发动机。它是在节气门立即从空转到满载时，低压压缩机（N1）加速至最大所需的时间。在 X-Plane 中，实际的加速时间将受大气条件、螺旋桨重量（如果适用）以及飞行员推进油门所花费的时间的影响。

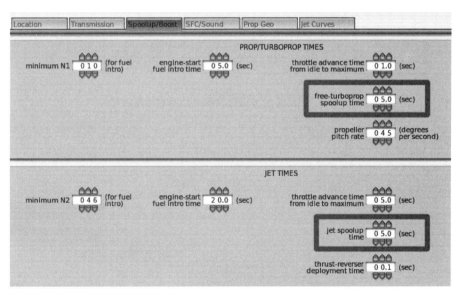

图 4-47 涡轮发动机的加速时间字段

4.3.3.8 单位油耗

设置螺旋桨或喷气发动机的基本特性后，可以设置发动机的特定油耗。如图 4-48 所示,"SFC/声音"选项卡中的一个框(其本身在"发动机规格"对话框中可以找到)标记为"往复式或涡轮螺旋桨专用油耗"(RECIPROCATING OR TURBOPROP SPECIFIC FVEL CONSUMPTION)。另一个标签为"喷气发动机特定燃料消耗量"。除了它们影响的发动机类型外,这些方框是相同的。

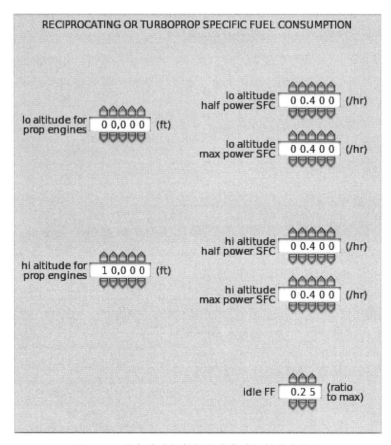

图 4-48 往复式或涡轮螺旋桨发动机的特定油耗

使用这些框,可以定义发动机的特定燃料消耗(SFC),即发动机每马力每小时燃烧的燃料量。应当分两个高度(一个低点和一个高点)设置此值,并且每个高度都应具有半功率和全功率 SFC。

对于螺旋桨驱动式发动机,此处使用的测量值是在"往复式或涡轮螺旋桨式"框中输入的制动油耗(BSFC)。计算方法是将燃料流量除以马力(在发生任何传动损失之前,在发动机的输出轴上测得)。

对于喷气发动机,使用推力比油耗(TSFC),并将其输入"喷气发动机"框中。TSFC 计算为燃料流量除以推力。

在大多数情况下,"螺旋桨发动机的低海拔"(指定 SFC 的低海拔)是比平均海平面高零英尺。"螺旋桨发动机的高度"可能是巡航高度,但并非必须如此。这两个控件都位于"往复式"或"涡轮螺旋桨 SFC"框的左半部分。

在每个方框的右半部分,应将每个海拔高度的"半功率 SFC"设置为当发动机处于半功率状态时以每马力每小时燃料的磅数为单位的特定燃料消耗量。例如,如果给定的发动机每小时燃烧 100 lb 燃料，并且具有 200 hp 的发动机，则每马力每小时将燃烧 0.5 lb。如果那是在低海拔半功率时的燃油消耗，则应在"低海拔半功率 SFC"框中输入 0.500。

"最大功率 SFC"框的工作原理相同，但是它指定了每种海拔在全功率下的燃油消耗。

最后，在 SFC 箱的底部是怠速时发动机的燃油流量，它是飞机最大燃油流量的比率。如果飞机在怠速时使用的燃油是满功率时的 0.1 倍，则在此处输入 0.10。

注意，火箭发动机的单位燃料消耗比内燃机要简单得多。在"发动机规格"对话框"描述"选项卡右下角找到的 SFC 参数适用于火箭在所有高度、所有功率设置下的情况。它定义了每磅发动机推力每小时所燃烧的燃油磅数。还要注意，比燃料消耗是发动机比脉冲的倒数，该比值通常是与火箭燃料消耗有关的数字。

4.3.3.9 能够进行零重力飞行的发动机

一些发动机需要能够零重力飞行或以 90°的螺距持续飞行。这在火箭和宇宙飞船中最常见。要在 X-Plane 中对此模型进行建模，必须告诉 Plane Maker 该飞机具有倒置的燃油和机油系统。为此，从"专家"菜单下打开"特殊设备"对话框，然后在第三列中选中"配备了倒置的燃油和燃油系统"（inverted fuel and oil systems equipped）框，如图 4-49 所示。

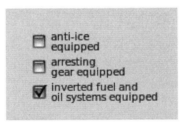

图 4-49　"配备了倒置的燃油和燃油系统"复选框

4.3.3.10 使用可转动螺旋桨的发动机

往复式发动机、涡轮螺旋桨发动机、电动发动机和叶尖火箭发动机都用于使螺旋桨（或视情况而定）旋转。在这种情况下，必须使用"发动机规格"对话框的"位置"选项卡指定螺旋桨及其功能的数量。

对话框顶部附近，发动机编号和类型设置的正下方，是螺旋桨编号和类型的设置。在几乎所有情况下，每个发动机只有一个螺旋桨。

Plane Maker 中提供以下类型的螺旋桨。

固定——迎角（或桨距）固定的螺旋桨。

恒定 RPM——通常称为"恒定速度"或"可变螺距"螺旋桨，此螺旋桨将改变叶片的螺距，以产生更大的推力，同时保持恒定的每分钟转数（RPM）。

手动螺距——螺旋桨的螺距由飞行员手动调节。

主旋翼——直升机中使用的大型高架旋翼，大致平行于地面，可改变其推力以保持恒定的 RPM。

恒定尖端马赫数——调整其速度的螺旋桨，使其尖端始终以恒定马赫数运动，通常比恒定 RPM 螺旋桨效率更高。

尾旋翼——直升机中使用的较小旋翼，大致垂直于地面。

提升风扇——向下的风扇，如 F-35 Lightning Ⅱ 中使用的风扇，以方便垂直起飞和着陆。

VTOL 周期性——类似于标准直升机旋翼的大型旋翼。它可以改变其功率以保持恒定的 RPM，但也可以更改其推力方向，以利于垂直起飞和降落。

就像每个发动机一样，指定的每个螺旋桨将有自己的设置列。螺旋桨设置将集成到发动机设置列中。

螺旋桨数量和类型设置的下方是"叶片数量"（number blades）控件，如图 4-50 所示。可以为每个螺旋桨独立设置该数字。叶片数量的最右边是旋转方向，同样在图 4-50 中。从后方看飞机时，可以将其设置为顺时针（CW）或逆时针（CCW）。

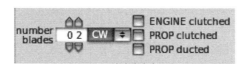

图 4-50 设置螺旋桨叶片的数量及其旋转方向

刀片方向设置的右侧是三个复选框，如图 4-50 所示。"发动机离合器"和"螺旋桨离合器"盒分别用于直升机和旋翼机。

图 4-50 中最后一个复选框（标记为"管道输送"）与安装在圆柱形护罩内的管道输送风机-螺旋桨一起使用。Fenestron 尾桨和举升风扇中也有风道风扇（如 F-35B 一样）。

发动机的位置控制下面是螺旋桨设置，如图 4-51 所示。

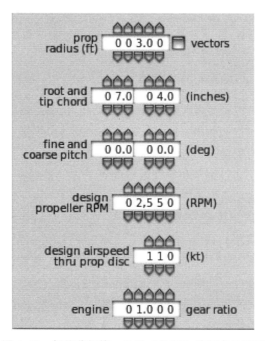

图 4-51 螺旋桨规格，位于"位置"选项卡的底部

螺旋桨规格中的第一个是螺旋桨半径，它设置了从螺旋桨中心到其中一个叶片尖端的距离（以 ft 为单位）。

螺旋桨半径下方是螺旋桨宽度的设置。"根弦"参数（该对中的左边一个）设置螺旋桨在其与飞机机身相接处的底部的英寸宽度。同样，叶尖弦是指螺旋桨叶尖处的宽度（以英寸为单位），该宽度距其在飞机上的安装位置最远。

精细和粗略螺距以度为单位设置叶片可以改变其迎角（螺距）的范围。该角度是在螺旋桨的尖端测量的。在其他类型的螺旋桨中，恒定 RPM 和手动螺距螺旋桨会改变其叶片螺距，以在恒定转速下获得所需的推力。使用左侧的框设置最小音高，使用左侧的框设置最大音高。通常，最小螺距为零度，这意味着叶片对着它们进入的风是"平坦的"。

螺距参数下面是"设计螺旋桨转速"参数。这设置了螺旋桨最优化的速度（以每分钟转数为单位）。

接下来是"通过道具盘设计空速"设置。这是螺旋桨经过优化使其通过的空气速度（以节为单位）。对于飞机，这大约等于要优化的飞机前进速度的一半。对于直升机，它应该仅是螺旋桨的一半，因为直升机的前进速度只是从上方流入旋翼的气流的一小部分。

根据螺旋桨的半径，设计 RPM 和设计速度，Plane Maker 将自动计算螺旋桨长度的迎角。要修改此迎角，请参阅下面的"自定义螺旋桨"部分。

在"位置"选项卡中，螺旋桨的最终设置是在对话框底部找到的发动机齿轮比。这是发动机在螺旋桨每旋转一圈时旋转的次数。通常将其设置为 1.000：对应于发动机每旋转一圈，螺旋桨旋转一次。

4.3.3.11　设置发动机详细信息

设置好发动机的位置和螺旋桨的基本功能后，可以设置发动机性能的详细信息，如各种模式的马力和 RPM。

螺旋桨驱动式发动机的大多数详细信息都在"发动机"对话框的"描述"选项卡中的"PROP ENGINE SPECS"框中设置，如图 4-52 所示。其他发动机详细信息（如最大节气门和临界高度）对于所有发动机类型都是通用的，并在上面的"所有发动机类型共有的功能"部分中进行了描述。

此框左上方是发动机的最大允许功率。这是在标准大气条件下海平面上的最大马力输出。如果飞机有进气口，则可以使用下面的"RAM 进气口压力恢复"框来设置其效率。

右列是发动机红线和怠速时的 RPM 值。红线 RPM 设置发动机每分钟的最大允许转速，怠速 RPM 设置节气门设置为零时发动机旋转的速度。往复式发动机的转速通常在 2 000~3 000 r/min。

该列具有三个附加框，分别对应于三个不同的发动机 RPM 限制。三个中的第一个框，即"绿色弧顶"，设置可以在 X-Plane 中使用 prop 控件设置的最大发动机 RPM——正常操作下看到的最大 RPM。这可能应该接近上面设置的发动机红线 RPM。

"绿色弧的顶部"框下方是"绿色弧的底部"参数。这将设置可以使用 X-Plane 中的 prop 控件设置的最小发动机 RPM。

此处的最终 RPM 限制是"最低调速器发动机 RPM"。此参数设置通过拉回 prop 控件可以在 X-Plane 中获得的最低 RPM。这没有考虑反向、Beta 或羽化模式。

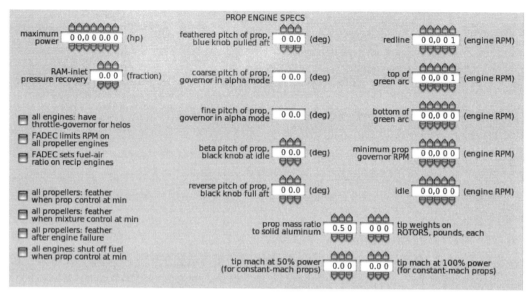

图 4-52 "PROP ENGINE SPECS" 框

  FADEC 的两个功能特定于螺旋桨驱动发动机，可以在"支撑发动机规格"框的左列中进行选择。第一个是"FADEC 限制所有螺旋桨发动机的 RPM"，这意味着它可以使发动机保持在其安全 RPM 限制之内。其下方的选项"FADEC 设置了往复式发动机的燃油空气比"，保持了理想的燃油空气比，从而实现了更高的性能和更清洁的排气。

  FADEC 复选框上方的选项仅适用于直升机。如果装有调速器，请选中"所有发动机：都有节气门调速器"框，以根据需要自动上下调节油门，以保持运行 RPM。

  也可以在"后台打印/加速"水龙头上设置一些发动机设置。第二个是"发动机启动燃油引入时间"，它设置了在发动机启动过程中，燃油从零流入发动机到空转所花费的时间（以 s 为单位）。

  "燃油引入时间"右边是"怠速至最大的油门提前时间"参数。如果立即命令节气门从怠速转为满负荷，这将设置发动机从怠速转为全转矩所花费的时间（以 s 为单位）。对于涡轮螺旋桨飞机，这是当节气门达到最大时低压压缩机（N1）施加扭矩的时间。

4.3.3.12 定制螺旋桨

  螺旋桨最初是在"发动机规格"对话框的"位置"选项卡中创建的。如上面"使用旋转螺旋桨的发动机"一节中所述，"位置"选项卡指定螺旋桨的尺寸，螺距和设计 RPM。但是，在许多飞机上，螺旋桨的功能远不止这些。要进一步自定义螺旋桨，请参阅"说明"选项卡的"道具发动机规格"框中的其他选项。

  左下角有 4 个复选框，用于处理飞机上所有螺旋桨的一般行为。选中第一个框，"在节气门怠速时将 beta 螺距最小化"以最小化滑行期间的推力。接下来的两个框分别确定当将螺旋桨控制拉回至最小值或将混合气控制调至最小时，螺旋桨是否达到其羽化螺距。选中第四个框，以使所有螺旋桨自动滑行，以减少发动机故障后的阻力。该列中的第五个也是最后一个选项会影响发动机，但基于螺旋桨控制。当将控件拉到最小时，检查底部的框以关闭燃料。

可以设置的螺旋桨的第一个特定特性是螺旋桨的羽状螺距，如图 4-53 顶部所示。设置螺旋桨羽化后的螺距（以度为单位）。顺桨螺旋桨是一种叶片可以旋转以与流过它们的空气平行的螺旋桨。在发动机故障的情况下，对螺旋桨进行羽化可大大减少其产生的阻力。

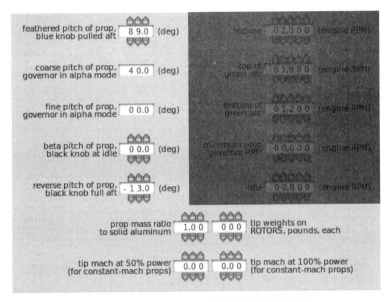

图 4-53 "Prop Engine 规格"框的适用部分

例如，图 4-54 所示为一架 C-130 "大力神"，其螺旋桨叶片倾斜以最小的外形迎风。它的螺旋桨是羽毛状的。

图 4-54 C-130 "大力神"螺旋桨呈羽毛状

在螺旋桨的羽状螺距之下是其 Beta 螺距，如图 4-53 所示。当它处于 Beta 范围内时，将设置螺旋桨的螺距（以度为单位）。在具有此功能的发动机中，Beta 范围可在改变叶片螺距的同时保持恒定的 RPM，从而可以在地面上更好地控制飞机的速度。

图4-53的下一步是调速器处于alpha模式时的粗调和细调设置。这些控制调速器可调节螺旋桨螺距的程度，以使其具有更大（较粗的设定）或较小（较细的设定）的迎角。

"道具的beta音高"和"道具的反向音高"设置与之前的参数类似。当螺旋桨分别处于beta或反向推力模式时，它们以度为单位定义螺旋桨的螺距。

"螺旋桨质量比"参数确定螺旋桨的密度，这会影响螺旋桨加速和减速的难易程度。设定为与固态铝的密度之比。铝的密度为2700 m^3/kg，因此，如果螺旋桨的密度为1000 m^3/kg，则可以将其设置为1000/2700=0.37。

图4-53中右侧的参数"旋翼顶部重量"仅在直升机和VTOL中使用。

"通用发动机规格"框底角的最后两个参数用于恒定马赫数螺旋桨。这些将螺旋桨叶尖的速度分别设置为全速和半速，作为声速的比率。X-Plane将在其他油门设置下自动在这些值之间进行插值。

至此，从螺距设置到重量，螺旋桨的大多数特性已经设定。尚未讨论的是对螺旋桨的形状进行微调。例如，在"位置"选项卡的讨论中，将螺旋桨的宽度设置在其根部和尖端，并设置螺旋桨叶片的长度。中间所有点的宽度如何？这里没有涉及螺旋桨的扭曲，螺旋桨每个"切片"的入射角。

这些形状设置中的每一个都由"发动机规格"对话框的"螺旋桨几何"（Prop Geo）选项卡控制，如图4-55所示。

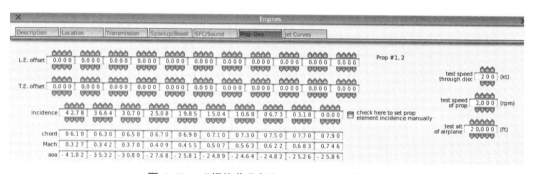

图4-55 "螺旋桨几何"（Prop Geo）选项卡

螺旋桨的每个叶片被分成11个部分，螺旋桨的每个部分的规格从左到右，从根部到叶尖。每块都有三个可以设置的参数。这些参数是前缘（LE）偏移、后缘（TE）偏移和入射角，如图4-56所示。

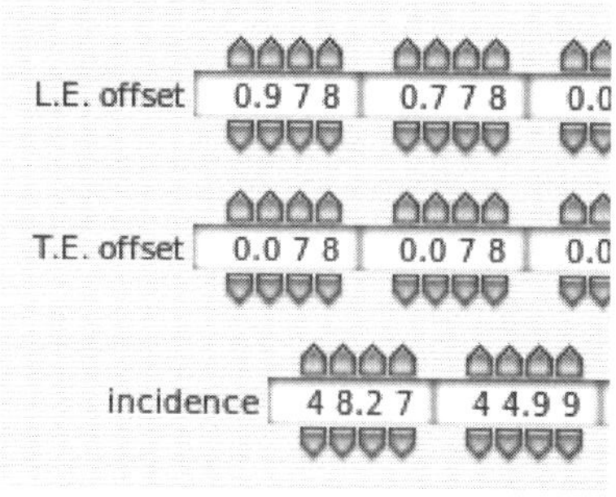

图4-56 螺旋桨每一片的三种设置

这里所有的偏移都是和弦长度。因此，如果前缘偏移了 0.5，则该弦的前缘已向后推了弦长的一半。同样，在 TE 偏移中输入 0.5 将使后缘向后移至弦长的一半，即弦长本身的一半。

"螺旋桨"选项卡中最后可用的选项是每个零件的入射角。这就是螺旋桨旨在增加其升力的目标量。默认情况下，Plane Maker 将根据半径，设计 RPM 和螺旋桨的设计速度来计算合适的入射角。要修改入射角，请首先选中标记为"在此处选中以手动设置道具元素入射角"的框。

然后，在这三个设置下，将看到以 in 为单位的每片叶片的合成弦，每块道具的马赫数以及每块道具的迎角。

尚未设定的螺旋桨形状的最后一个要素是其横截面形状（它使用的翼型）。要进行定义，从"专家"菜单中打开"机翼"对话框。对话框顶部的第一个标签为 Props 的标签用于螺旋桨的机翼。

4.4 仿真效果输出报告

飞行器制造完成后，可以将其分发到 Web 上。为此，需要确保具有包含飞行器的单个文件夹（.acf 文件、对象、纹理等）。该文件夹可能包含许多子文件夹，如"cockpit_3d"或"airfoils"，除非它们位于飞行器文件夹内的正确子文件夹中，否则不能保证许多飞行器相关组件（包括 3D 驾驶舱、机翼和物体）均能正常工作。另外，要确保 .acf 文件具有可识别的名称。

准备好飞行器文件夹后，将整个文件夹压缩为 .zip 文件。Windows 用户可以通过右键单击文件夹，将鼠标移至"发送到"，然后选择"（压缩）文件夹"来执行此操作。MasOSX 用户可以右键单击（或按住 Option 键单击）文件夹，然后选择"压缩［文件夹名称］"。

读取 ZIP 文件后，剩下的就是上传飞行器。可以在 X-Plane.org 上创建一个免费帐户，然后上传文件。这是让其他人看到自己设计的好方法。

根据一般经验，遇到任何问题后首先是将软件更新到最新版本。如果正在运行最新版本，但仍然有问题，则可以通过手动运行 X-Plane 网站上的安装程序来检查问题文件。选择"更新 X-Plane"，选择要更新的副本，然后单击"继续"按钮。安装程序将扫描安装，以查看是否缺少或更改了任何默认文件，并允许还原它们。

如需其他帮助，需要首先在 X-Plane Q&A 网站上搜索解决方案。也可以在网站上询问自己的问题（如果尚未涵盖）。相关研究团队成员和知识渊博的社区成员会回答问题。该网站还具有评论、投票、通知、要点和排名的功能。

提交故障报告时，需要提供尽可能多的信息，X-Plane 开发人员可能需要知道所有信息，以重现故障。这包括（但不限于）以下信息。

（1）有问题的软件（Plane Maker 等）。

（2）使用的操作系统。

（3）有问题的版本。

（4）使用的硬件（如果仅在使用某些硬件时出现此问题）。

（5）重现问题所需的确切步骤（尽可能具体且循序渐进）。

此外，在提交错误报告之前，请确保使用的是最新版本的 Plane Maker（这包括确保没有使用过时的快捷方式）。

（1）删除（或更改首选项文件的名称）以排除这种情况。

（2）确保自己了解要报告错误的功能。

（3）如果不确定是否存在错误或技术支持问题，请在 X-Plane 问答网站上询问。

提交报告时，需要在 X-Plane 文件夹中附加一个"log.txt"文件，以及任何视觉问题的 PNG 屏幕截图。"log.txt"文件将告诉有关系统的许多信息，这些信息将加快错误分析的速度。

要提交错误报告，请使用 X-Plane Bug Reporter。

如果报告提交正确，将不会收到任何反馈。该报告将被保存和调查，并根据其优先级在以后的更新中进行修复。

课后习题

简述题

1. 简述 Plane Maker 中的参考点。
2. 机身阻力系数如何计算。
3. 机身的位置主要针对哪几个参数设置。
4. 引擎部分螺旋桨的气动建模参数是如何设置的?
5. 塑造脚架的模型应从哪些参数设置?

答　案

论述题

1. Plane Maker 中的所有对象（机身，机翼等）都相对于某个固定点（称为参考点）放置，是飞行器上的某个位置，其他所有位置都与该位置有关。尽管该点可以是任意点，但应该选择一个有意义的点。一些飞行器设计师喜欢将参考点设为机身中心，而另一些飞行器设计师则希望使其参考翼尖。

2. 机身阻力系数；单位：ft^3/lb

$$机身阻力 = 机身阻力系数 \times 机身面积 \times 空气密度^2 \times 空速^2 / 2$$

3. 标准位置参数是纵向臂、横向臂和垂直臂，每次测量均相对于参考点。

4. 螺旋桨设置将集成到引擎设置列中。发动机选用 electric 以及螺旋桨选用 manual

pitch 主螺旋桨。螺旋桨数量和类型设置的下方是"叶片数量"控件，可以为每个螺旋桨独立设置该数字。叶片数量的最右边是旋转方向，从后方看飞行器时，可以将其设置为顺时针（CW）或逆时针（CCW）。

5. 塑造脚架的模型参数有：

（1）起落架类型。

（2）起落架位置；单位：ft。

（3）机轮伸展时偏离垂线的角度（纵向）；单位：deg。

（4）机轮伸展时偏离垂线的角度（侧向）；单位：deg。

（5）机轮收回时偏离垂线的角度（纵向）；单位：deg。

（6）机轮收回时偏离垂线的角度（侧向）；单位：deg。

（7）支柱长度；单位：ft。

（8）机轮半径；单位：ft。

（9）机轮半宽度；单位：ft。

（10）起落架在收回过程中，为了方便放置在飞行器内，绕着它的轴（支柱）旋转的角度；单位：deg。

起落架在收回过程中压缩长度；单位：ft。

（11）起落架完全伸展到完全收回的时间；单位：s。

（12）是否为转向轮。

（13）机轮是否具有流线型整流罩。

第 5 章　遥控器调试及仿真飞行操作

5.1　仿真系统的具体实施过程

操作设备：一台安装有 X-Plane 9 的计算机、鼠标、键盘 X-Plane 软件，双击"X-Plane.exe"运行。

（1）初始界面为驾驶舱视角（见图5-1），初始默认飞机型号为 Cessna_ 172SP，默认机场为 Innsbruck Kranebitten。

图 5-1　驾驶舱视角

（2）打开菜单"Aircraft→Open Aircraf"，选择飞机"ATOS20. acf"。

（3）打开菜单"Location→Select Global Airport"，在"Apt"内输入"ZUAV"或其他机场代码，点击"Go To This Airport"，将飞机放置在相应机场。

①点击菜单栏中的"Environmen"按钮，可以设置仿真环境。

②点击菜单栏中"Environment→Date&Time", Time 为时间（建议12）, Data 为月份

(建议 Jul)。

③点击菜单栏中"Environment→Weather",设置环境参数如图 5-2 所示。

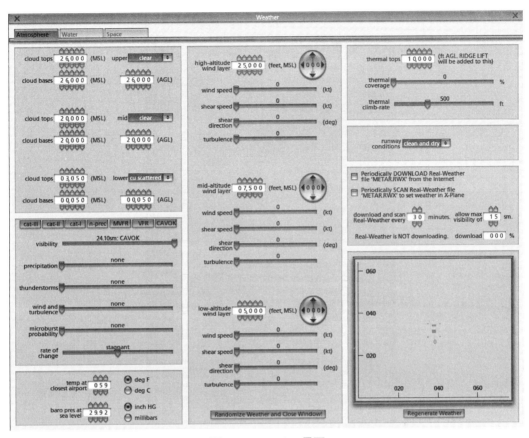

图 5-2　Location 界面

④可以通过设置以下参数来模拟环境的变化,如图 5-3 所示。

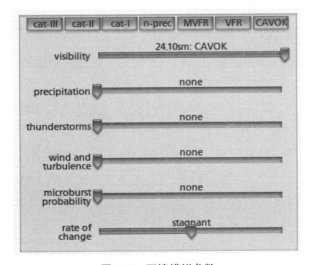

图 5-3　环境模拟参数

最上面一行的可进行快速设置。

⑤菜单栏中的"View"按钮，可以选择不同的视角并可以查看相关快捷键，如图 5-4 所示。

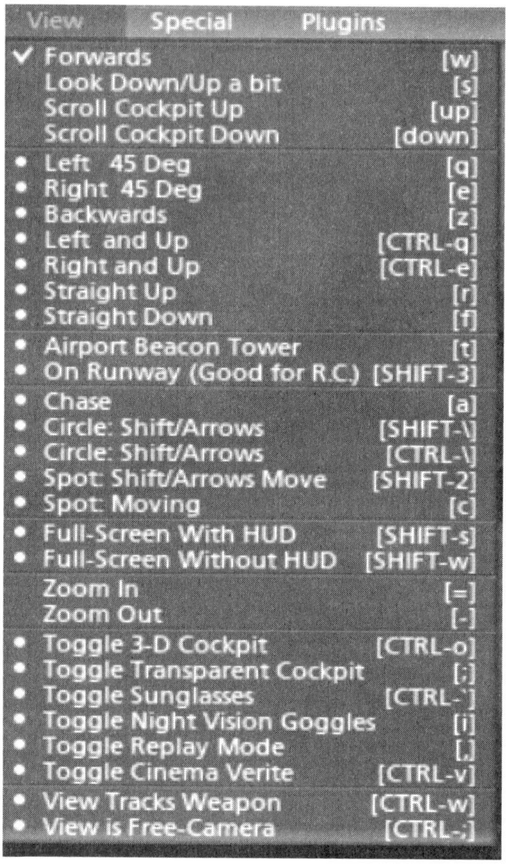

图 5-4 View 按钮不同的视角

下面介绍几种常用视角。

①Forwards 为第一人称视角。

②Circle：Shift/Arrows 为自由视角，+、-为镜头的缩放，键盘的方向键控制镜头的上下左右。

③Chase 为跟随视角。

④Airport Beacon Tower 为实际作业视角，即人不动，飞机在动。

⑤点击 Special>Show Flight Model 可显示各个螺旋桨的下气流变化。

⑥点击 Aircraft>Cycle 3D flight-Path 可显示飞机的飞行轨迹（每点一次显示不同类型的轨迹以及关闭轨迹显示）。

5.2 仿真系统使用说明

5.2.1 虚拟仿真套件组成

仿真套件组成主要包括主控器、连接线、遥控器及地面站，如图 5-5 所示。

(a) 主控器　　　　　　　　(b) 连接线　　　　　　　(c) 遥控器及地面站

图 5-5　虚拟仿真套件

5.2.2 遥控器组成

遥控器组成如图 5-6 所示。

（1）左手摇杆：美国手，上下为油门，左右为航向；日本手，上下为俯仰，左右为航向。

（2）右手摇杆：美国手，上下为俯仰，左右为滚转；日本手，上下为油门，左右为滚转。

（3）姿态模式按钮。

（4）位置控制模式按钮。

（5）遥控器开关。

（6）返航按钮。

（7）紧停按钮。

（8）解锁/降落按钮。

（9）泵开关（暂无）。

（10）泵速率（暂无）。

打开/关闭方式，短按加长按电源按钮；起飞前，长按 L，遥控器振震动 3 次，飞机解锁；需要降落时，长按 L，遥控器震动，飞行器自动降落；在执行作业时，均可切换至 A/

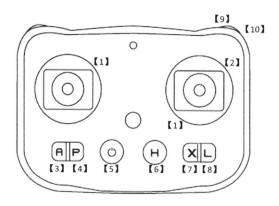

图 5-6 遥控器

P 模式；飞行器需要返航时，长按 H 返航，实现自动返航；在飞行器出现意外，需要停止螺旋桨转动时，可同时按住电源键和 X 键。

5.2.3 飞行模式

请仔细阅读本节内容，它将帮助更好地控制飞行器。虚拟仿真飞控系统支持三种飞行模式：姿态模式、GPS 速度模式和自动驾驶模式。不同控制模式带来的飞行体验不同，见表 5-1。

表 5-1 三种飞行模式指标比较

	姿态模式	GPS 速度模式	自动驾驶模式
滚转和俯仰摇杆命令	摇杆中立点对应飞行器姿态为 0°；摇杆端点对应飞行器姿态为 35°	摇杆中立点对应飞行器速度为 0 m/s；摇杆端点对应飞行器速度为 12 m/s	
油门摇杆和高度锁定	油门摇杆回中进入高度锁定；油门摇杆推到最上端上升速度为 6 m/s；油门摇杆拉到最下端下降速度为 3 m/s		
松开摇杆	姿态稳定，无位置锁定	锁定位置不变（有 GPS 信号）	
GPS 信号丢失	姿态稳定，无位置锁定	GPS 信号丢失 3 s 后，进入姿态模式	
偏航摇杆和偏航角速度	最大航向角速度为 150 (°)/s		

5.2.4 遥控器使用及配对

5.2.4.1 什么时候需要完成无人机与遥控器配对

（1）首先打开无人机和遥控器电源。

(2) 当遥控器的连接状态指示灯出现红灯常亮状态时，请务必完成配对过程。

(3) 当遥控器的连接状态指示灯出现绿灯常亮状态时，无须进行配对。

5.2.4.2 如何进行无人机与遥控器之间的配对

(1) 首先倒置飞行器，再给飞行器供电，此时，无人机机头的状态指示灯黄灯快闪三次，每次间隔 0.5 s。

(2) 无人机进入配对模式。

(3) 开启遥控器配对：①长按 H 键的同时打开遥控器（连接状态指示灯变为红灯闪烁状态）；②飞行器与遥控器将会自动开始配对。

5.2.4.3 如何判断是否配对成功

配对成功说明见表 5-2。

表 5-2　配对成功说明

配对设备	配对成功标志	具体说明
无人机 & 遥控器		当无人机和遥控器配对成功后，遥控器上的红色连接状态指示灯将不再闪烁。如果配对失败，那么遥控器上的连接状态指示灯一直呈现红灯闪烁状态，请关闭电源后重启无人机和遥控器，重复以上配对步骤

5.2.4.4 如何起动电机

起飞前直接推油门不能启动电机。长按遥控器 L 键，启动电机，如图 5-7 所示。

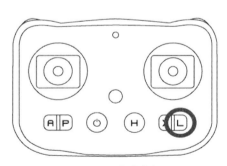

图 5-7　启动电机

5.2.4.5 如何停止电机

同时按住电源键和 X 键即可停止电机，如图 5-8 所示。

注意：

(1) 在飞行过程中，无论在何种控制模式下，都不推荐将油门杆拉至 10% 以下。

(2) 所有停止关闭的正常运行建立在正确校准了遥控器的前提下。

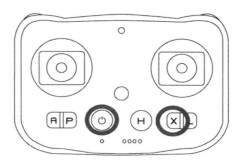

图 5-8 停止电机

（3）失控保护时掰杆动作会被主控器屏蔽，使电机保持之前的状态。

5.2.4.6 失控保护

在 GPS 信号良好，指南针工作正常，且成功记录返航点的情况下，如果飞行器与遥控器通信中断，失控保护功能激活，飞控系统将接管飞行器控制权，控制飞行器飞回最后一次记录的返航点。

如果在返航过程中，信号恢复正常，返航过程仍将持续，但用户可以通过遥控器控制飞行，且可以取消返航。

返航点：

起飞前 GPS 模块定位成功后，当您第一次起动电机时，主控器记录到的飞行器位置为返航点。

如果飞行器起飞前 GPS 模块没有成功定位，那么，GPS 模块首次定位的位置就自动记录为返航点。

APP 上还可以修改 Home 点来修改返航点。

如何取消返航？

飞行器在失去信号 3 s 后才进入失控返航模式，如果 3 s 内重新获得信号，飞控会立即退出失控返航模式。短按遥控器 P 键，您即可获得飞行器的控制权。

返航注意：

（1）请确保在飞行器起飞前记录返航点，并且明确知道飞行器记录的返航点是在哪里，确保安全使用。

（2）返航时飞行器机头正对着返航点（飞行器机头朝向可在软件中设置），沿着失控地点与返航点之间水平面上的连线直线地飞行。

（3）整个返航过程中，都可以利用遥控器重新获得控制权。

（4）返航时，如果周围有高大物体，飞行器有可能会在回航途中受阻。

（5）GPS 信号不好或者 GPS 没有工作的情况下，失控不会返航。

（6）请确保返航点适宜飞行器降落。

（7）如果启动电机后，未让飞行器起飞，此时关闭遥控器非常危险，飞控很有可能进入失控保护模式，飞行器很可能起飞。

5.3 虚拟仿真试验操作及仿真效果

(1) 模拟精准降落操作（见图 5-9）

①在晴朗的天气，GPS 模式（P 挡）实现无人机的精准降落，从 01 号起飞降落到 02 号降落点或者 03 号降落点。

②晴朗天气，姿态模式（A 挡），实现精准降落。

③在有风的天气下，实现各个模式的精准降落。

此模拟操作目的：让学员熟悉无人机方向舵的操作舵量，以应对实际作业时的复杂地形，实现精准手动降落。

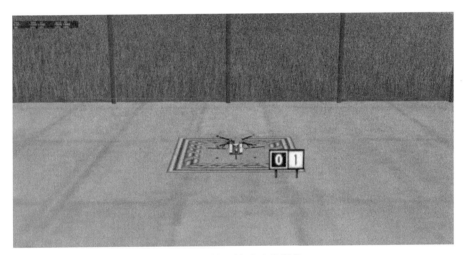

图 5-9 模拟精准降落操作

(2) 高度飞行模拟操作（见图 5-10）

①在晴朗天气，GPS 和姿态模式下分别操作无人机起飞，穿越电线杆（可选择从下方或上面穿越），注意无论是选择哪种方式，无人机都不允许离电线太近。

②在有风天气，各个模式下，实现以上飞行。

此模拟操作目的：为了让学员熟悉无人机油门杆的舵量，实现高度的微调。

(3) 手动航线飞行模拟操作（见图 5-11）

①在晴朗天气，GPS 和姿态模式下操作无人机延航线进行飞行。

②在有风天气，各个模式下操作无人机沿航线飞行。

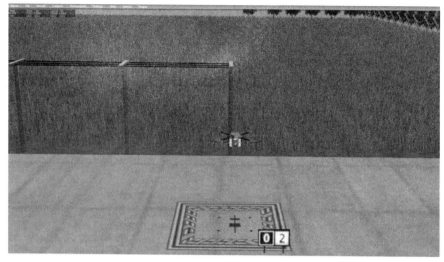

图 5-10 高度飞行模拟操作

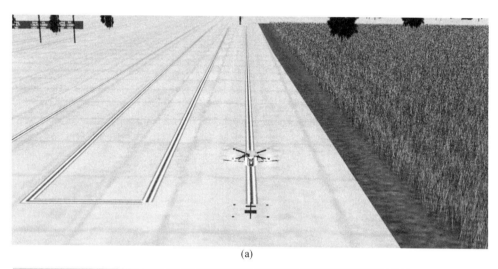

(a)

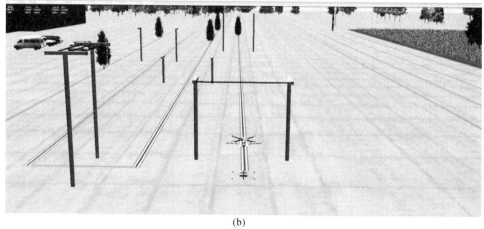

(b)

图 5-11 无人机沿航线飞行

课程思政

《航拍中国》——中国大型航拍系列纪录片,展现了中国东南西北中截然不同的地形地貌、气候环境、自然生态,以空中视角俯瞰中国,立体化展示中国历史人文、地理风貌及社会形态,让观众以一个全新的角度看到美丽中国、生态中国、文明中国。

使用无人机、载人机和轨道卫星进行多层次影像呈现,使用VR摄像机在平面影像上进行特效呈现,并采用"一镜到底"场景飞行拍摄等手法,展示中国大美自然景观和丰富多彩的生态环境,彰显经济建设的辉煌成就,揭秘"中国奇迹"背后的创新动力,让世界分享中华文明的博大精深。

该片第一季开拍前导演组做景点调研,最后为每集收集到100多个预选拍摄地点。经过第一轮筛选,实地拍摄约40个,后期编辑过程中再一次经过筛选。每集的文字材料都有15万字,最后选编成6000~7000字的解说词。让观众观看画面的同时,又像打开了一本百科全书。拍摄中动用了16架载人直升机、57架无人机,总行程近15万多公里。航拍之前通过网络结合卫星地图及实地调研的形式完成多轮踩点,在模拟三维的环境中方便地预览不同机位的效果,完成一系列构图,再结合实地调研的情况选定拍摄地点,设计飞行路线、飞行高度和角度,画出分镜头脚本,从而形成一本完整详细的拍摄目标书。每个省约有40个拍摄点,每个拍摄点至少要拍10组镜头,每一个镜头都用手绘图画的方式,标出画面最后呈现的形态。航拍可以深入到无人区,拍到人们前所未见的景观。很多动物都是用无人机拍摄的,因为噪音小,不会过度打扰它们,也便于贴近。在拍摄陕西那集里,全世界唯一的一只棕色大熊猫就是用无人机拍的。

该片第二季首次使用VR摄影机在平面影像上进行特效呈现;采用了一镜到底场景飞行拍摄等手法。该片还首次利用卫星采集数据,通过卫星影像辅以后期处理,用更为宏观、新奇的视野为观众呈现卫星视角下的美丽中国。在卫星影像的呈现下,平原和水系像美丽的叶脉一样清晰可见。在镜头表达上,该季对航拍手法的运用提出了更高的要求。该片透过各地不同的地理地貌、动物迁徙、植被变化和人文活动,从空中展现风格各异的"大、美、奇、变"。

该片第三季——《一同飞越》共动用了直升机18架,飞行近400架次,使用无人机118架,飞行总航程超过25万千米;参与第三季拍摄人员多达300人,在创作团队人数、设备、行程、素材量都突破了前两季创下的纪录。在降低知识门槛、侧重轻旅行体验的同时,延伸了观众的眼力和脚力。

课后习题

一、填空题

1. 虚拟仿真飞控系统支持三种飞行模式:_____、_____、_____。

2. 在GPS信号良好,指南针工作正常,且成功记录返航点的情况下,如果飞行器与遥控器通信中断,_____功能激活,_____将接管飞行器控制权,控制飞行器飞回最后一次记录的返航点。

3. 如果在返航过程中,信号恢复正常,返航过程仍将持续,但用户可以通过

_____控制飞行,且可以取消返航。

4. 如果启动电机后,未让飞行器起飞,此时关闭遥控器非常危险,飞控很有可能进入_____模式,飞行器很可能起飞。

5. 飞控在失去信号 3 s 后才进入失控返航模式,如果 3 s 内重新获得信号,飞控会立即退出失控返航模式,只要通信允许都可以利用_____重新获得控制权。

二、简述题

1. 在 x-plane 仿真系统如何更换环境和机场环境?
2. 在 x-plane 仿真系统如何切换飞行器的几种常用视角
3. 首次使用遥控器与飞行器建立链路前,需要什么操作?
4. 一般遥控器有哪些控制模式
5. 无人机返航操作时有哪些注意事项?

答　案

一、填空题

1. 姿态模式,GPS 速度模式,和自动驾驶模式。
2. 失控保护,飞控系统。
3. 遥控器。
4. 失控保护。
5. 遥控器。

二、简述题

1. 打开菜单"Location->Select Global Airport",在"Apt"内输入"ZUAV"或其他机场代码,点击"Go To This Airport",将飞行器放置在相应机场。

单击单栏中的"Environment"按钮,可以设置仿真环境。

2. 几种常用视角:

(1) Forwards 为第一人称视角快捷键【W】。

(2) Circle:Shift/Arrows 快捷键【shift-\】为自由视角,+,-为镜头的缩放,键盘的方向键控制镜头的上下左右。

(3) Chase 快捷键【a】为跟随视角。

(4) Airport Beacon Tower 快捷键【t】,为实际作业视角,即人不动,飞行器在动。

3. 对频即无人机与遥控器配对。

4. 姿态模式、GPS 模式(定点模式)、定高模式。

5. 返航注意:

(1) 请确保在飞行器起飞前记录返航点,并且明确知道飞行器记录的返航点是在哪里,确保安全使用。

(2) 返航时飞行器机头正对着返航点(飞行器机头朝向可在软件中设置),沿着失控地点与返航点之间水平面上的连线,直线地飞行在。

(3) 整个返航过程中,都可以利用遥控器重新获得控制权。

(4) 返航时,如果周围有高大物体,飞行器有可能会在回航途中受阻。

（5）GPS 信号不好或者 GPS 没有工作的情况下，失控不会返航。

（6）请确保返航点适宜飞行器降落。

（7）如果启动电机后，未让飞行器起飞，此时关闭遥控器非常危险，飞控很有可能进入失控保护模式，飞行器很可能起飞。

第 6 章 地面站航线规划

6.1 无人机地面站系统功能简介

包括无人机在内的各种飞行器，它们都离不开地面站的指挥和控制，地面站是飞行器系统的核心和灵魂。在多无人机协同任务中，地面站对无人机系统起着举足轻重的作用，反之，随着无人机的不断更新，对地面站的技术要求也越来越高。

无人机地面站涉及了图像处理、无线传输、远程控制以及任务规划等多种技术，主要功能是监控无人机的飞行过程以及任务执行情况，它是一个实时采集并分析遥测数据、不定时发送控制指令、显示飞行状态等功能结合于一体的综合地面站监控系统。

6.1.1 地面控制站的组成

6.1.1.1 地面遥控设备

目前常用的航模类型遥控器中，较为流行的为 Futaba 系列，图 6-1 为 Futaba 10CH 遥控器；操纵杆目前常见于大型地面站系统，主要用于操控任务载荷设备。

Futaba 10CH　　　　　　操纵杆

图 6-1 地面摇控设备

6.1.1.2 通信链路硬件

数传电台：数传电台（radio modem），又可称为"无线数传电台"和"无线数传模块"，是指借助数字信号处理器（Digital Signal Processor，DSP）技术和软件无线电技术实现的高性能专业数据传输电台，如图6-2所示。

无线图传：无线图像传输系统，包括图像机载发射端（体积较小，重量较轻）和图像地面接收端（体积、重量较大），如图6-3所示。

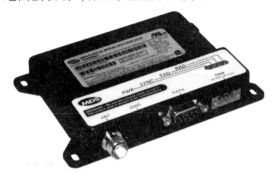
图6-2 数传电台

图6-3 无线图传

Wi-Fi通信模块：类似于数传电台，常见于消费级多旋翼无人机中，或地面电台转发出Wi-Fi信号，与平板电脑及手机等小型地面站系统连接。

北斗通信模块：利用北斗卫星短报文通信功能，可实现超远距离无人机的监控。北斗系统最大的特色在于有源定位和短报文特色服务，不只解决了我国有无卫星导航系统的问题，还能将短信和导航结合，是我国北斗卫星导航系统的独特发明，也是一大优势。简单地来说，"短报文"其实就是相当于现在人们平时用的"短信息"，短报文可以发布140个字的信息，并能够定位，可以显示发布者的位置，如图6-4所示。

图6-4 北斗短报文通信模块

对于通信链路使用的频段，我国工信部无线电管理局初步制定了《无人机系统频率使用事宜》规定，主要有：

（1）840.5~845 MHz可用于无人机系统的上行遥控链路，其中841~845 MHz也可采用时分方式用于无人机系统的上行遥控和下行遥测信息传输链路。

（2）1430~1446 MHz频段可用于无人机系统下行遥测与信息传输链路，其中1430~1434 MHz频段应优先保证警用无人机和直升机视频传输使用，必要时1434~1442 MHz也可以用于警用直升机视频传输。无人机在市区部署时,应使用 1442 MHz 以下频段。

(3) 2408~2440 MHz 频段可用于无人机系统下行链路,该无线电台工作时不得对其他合法无线电业务造成影响,也不能寻求无线电干扰保护。

6.1.1.3 计算机软硬件平台

目前地面站软件系统支持的计算机软件硬件平台多式多样,硬件平台可支持台式机、笔记本电脑、平板电脑、手机,软件平台可支持 Windows、Linux、iOS、Android。

6.1.1.4 地面站软件系统

有多式多样的计算机硬件平台,与之对应就有了计算机端软件系统及平板、手机端地面站软件系统,如图 6-5 和图 6-6 所示。

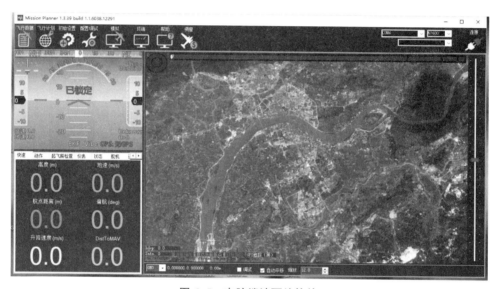

图 6-5　电脑端地面站软件

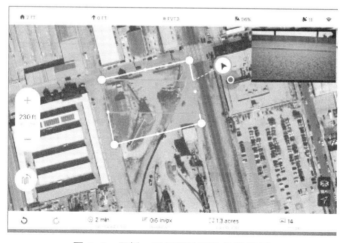

图 6-6　平板、手机端地面站软件示例

6.1.2 地面控制站功能

地面站监控系统作为整个无人机系统的指挥中心，主要是为了完成无人机的任务规划，并在电子地图中实时显示无人机的位置以及飞行轨迹，完成无人机的飞行状态数据和视频图像的实时传输、显示和处理等功能，保证无人机准确安全的飞行，高效执行任务。

无人机地面控制站的工作方式是对数传电台所接收的飞行器上传输来的信号进行处理，转换成虚拟仪表以及电子地图可识别的信息，使得地面操作人员对无人机的飞行状态以及飞行航迹等一系列飞行信息，有一个直观的监测。同时，地面操作人员对无人机飞行状态以及飞行航迹的操作和规划信息，可以通过地面控制站传输到数传电台进而发射给无人机。

无人机地面控制站软件平台是随着科技的发展逐渐被提出的。现代化的无人机已经不再是以作战为主要功能，而是变成了装载民用用途设备的飞行器，由于传统的军用地面控制站成本高，不易开发等特点的存在，为了能够更好地监测控制无人机并且实时了解无人机的各项飞行数据，人们开发了无人机地面控制站软件平台。无人机地面控制站软件平台是以电脑或者其他常见机型作为硬件机构，通过RS-232等接口来接收来自无线数传电台所收到的信息，并通过虚拟仪器来显示。

地面控制站功能主要包括以下几个方面。

6.1.2.1 飞行状态的监测与控制

地面控制站能够显示无人机飞行控制系统所传回的机载传感器数据、姿态数据、位置信息、各操纵通道状态、控制参数及动力设备状态，用于地面操纵人员对飞行状态进行观察，如图6-7和图6-8所示。操纵人员能够通过地面控制站对无人机进行操控，能够对飞行控制参数进行调整。无人机地面控制站能够对无人机的所有的位置以及状态信息进行实时显示，同时控制着无人机的飞行航迹以及对无人机飞行航迹进行有效规划，其在无人机的安全飞行、有效完成任务以及跟踪和导航中起着重要作用。

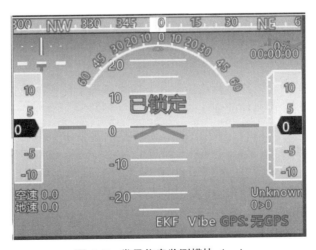

图6-7 常见仪表监测模块（一）

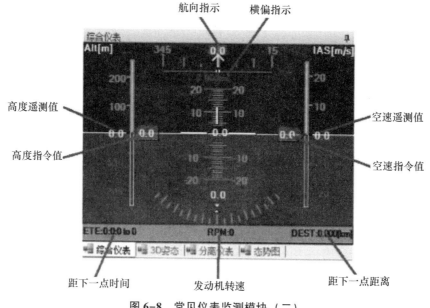

图 6-8 常见仪表监测模块（二）

6.1.2.2 地图导航与任务规划

无人机执行的任务大多是在超视距条件下进行的，无论是手动操控还是按照任务指令自主飞行，都需要准确直观地了解无人机当前的地理位置，用于判断其飞行轨迹是否正确。任务规划需要对任务区域地图进行研究，对相应飞行航线进行标定。设置准确的航点信息是实现无人机任务规划的前提条件，因此在地图导航的基础之上，地面控制站还应具有航点编辑功能。

6.1.2.3 飞行数据的记录与回放

地面控制站能够在监控无人机系统的同时，实时记录飞行过程中各种状态数据，并可进行回放分析，对飞行数据的分析为飞行控制系统调整提供依据，也为评价整个飞行过程及飞行器状态提供了参考，如图 6-9 和图 6-10 所示。

6.1.2.4 模拟飞行

通常地面软件系统带有模拟飞行功能，一方面可以用于任务的模拟执行，另一方面可以供使用着进行飞行及地面监控的训练。

常见的模拟飞行辅助软件如 Flight Gear，是一款由全世界志愿者共同开发和维护的开源飞行模拟软件。Flight Gear 从最初仅具有简单的飞行器空气动力学模型，逐渐引入了自然特性（阳光、月光和星光等）、天气特性（云、雾和风等）、平显、仪表板、电子导航系统、自动飞行控制系统、机场与跑道以及网络互联操作等众多特性。除了拥有较为精细的三维视景模型外，Flight Gear 内部支持多种飞行力学模型解算器，可以较为精确地模拟飞行器在真实环境中的飞行状态。与其他商业飞行模拟软件不同，Flight Gear 提供了数据输入输出接口，用户可以将实际的飞行数据或者自建飞行力学模型的解算值输入 Flight

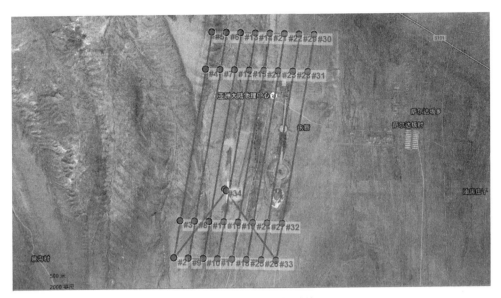

图 6-9 地图控制与航线

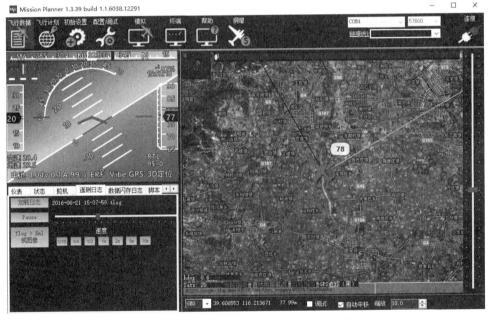

图 6-10 Mission Planner 中数据回放功能

Gear,利用它将数字用更为直观的视景方式呈现。如今,Flight Gear 已成为了最著名的跨平台飞行模拟软件之一,它具有跨平台、多场景、多机型、可开发性和可扩展性等众多特点,如图 6-11 所示。

JOUAV FlightSim 飞行仿真软件系统是成都纵横自动化技术有限公司专为飞控与导航系统开发、仿真与地面测试而研发的专业飞行仿真软件。以 XML 语言描述飞行器几何、惯量以及气动数据,采用 C++语言实现,支持全数字、半实物等多种形式的仿真。软件能

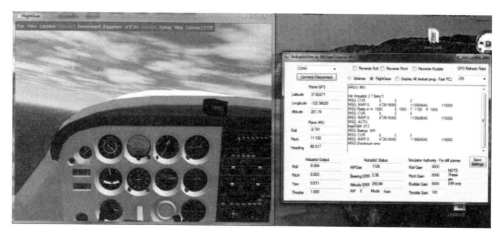

图 6-11　Flight Gear

够为飞控系统提供方案设计合理性验证、分系统数字仿真、真实部件在环测试、全系统半物理实事仿真、性能测试和系统评价；是大学以及科研机构不可或缺的科研环境、设计验证环境和教学环境，如图 6-12 所示。

图 6-12　JOUAV FlightSim

6.1.3　地面控制站分类

无人机地面控制站有多种形式，按不同的使用要求可分为大型地面站、便携式地面站和掌上微型地面站。图 6-13 所示的大型无人机地面站，按载体不同可分为车载式、舰载式及机载式。

便携式地面站以配置了指挥控制与任务规划软件的便携式计算机为主体，利用无线数传电台或无线网络进行数据传输，操作人员通过键盘、鼠标、遥控器等设备完成指令设定与无人机操控。便携式地面站具有机动灵活、隐蔽性好及环境适应能力强的特点，多用于监视侦察、航空测绘以及科研试验等方面。掌上微型地面站包括掌上计算机、地面遥控遥测软件、地面数传电台等几个部分，可以在手掌上执行无人机遥控遥测任务。

图 6-13 大型地面站

图 6-14 便携式地面站和掌上微型地面站

6.1.4 地面站相关理论知识

深入了解地面站系统,需对其涉及的关键技术进行了解,地面站软件系统所涉及的关键技术主要包括串口通信、MAVLink 协议、电子地图。

6.1.4.1 串口通信基本概念

串口通信(serial communications)的概念非常简单,串口按位(bit)发送和接收字节。尽管比按字节(byte)的并行通信慢,但是串口可以在使用一根线发送数据的同时用另一根线接收数据。它很简单并且能够实现远距离通信。比如 IEEE488 定义并行通行状态时,规定设备线总长不得超过 20 m,并且任意两个设备间的长度不得超过 2 m;而对于串口而言,长度可达 1200 m。典型地,串口用于 ASCII 码字符的传输。通信使用 3 根线完成,分别是地线、发送、接收。由于串口通信是异步的,端口能够在一根线上发送数据同时在另一根线上接收数据。其他线用于握手,但不是必须的。串口通信最重要的参数是波特率、数据位、停止位和奇偶校验。对于两个进行通信的端口,这些参数必须匹配。

(1)波特率:这是一个衡量字符传输速率的参数。指的是信号被调制以后在单位时间内的变化,即单位时间内载波参数变化的次数,如每秒钟传送 240 个字符,而每个字符格式包含 10 位（1 个起始位，1 个停止位，8 个数据位），这时的波特率为 240 Bd，比特率为 10 bit×240 个/s＝2400 bit/s。一般调制速率大于波特率，比如曼彻斯特编码。通常电话线的波特率为 14400 Bd、28800 Bd 和 36600 Bd。波特率可以远远大于这些值，但是波特和距离成反比率。高波特率常常用于放置得很近的仪器间的通信，典型的例子就是使用通用接口总线（General-Purpose Interface Bus，GPIB）设备的通信。

（2）数据位：这是衡量通信中实际数据位的参数。当计算机发送一个信息包，实际的数据往往不会是 8 位的，标准的值是 6、7 和 8 位。如何设置取决于你想传送的信息。比如，标准的 ASCII 码是 0~127（7 位）。扩展的 ASCII 码是 0~255（8 位）。如果数据使用简单的文本（标准 ASCII 码），那么每个数据包使用 7 位数据。每个包是指一个字节，包括开始/停止位、数据位和奇偶校验位。由于实际数据位取决于通信协议的选取，术语"包"指任何通信的情况。

（3）停止位：用于表示单个包的最后一位。典型的值为 1、1.5 和 2 位。由于数据是在传输线上定时的，并且每一个设备有其自己的时钟，很可能在通信中两台设备间出现了小小的不同步。因此停止位不仅仅是表示传输的结束，并且提供计算机校正时钟同步的机会。适用于停止位的位数越多，不同时钟同步的容忍程度越大，但是数据传输率同时也越慢。

（4）奇偶校验位：在串口通信中一种简单的检错方式。有 4 种检错方式：偶、奇、高和低。当然，没有校验位也是可以的。对于偶和奇校验的情况，串口会设置校验位（数据位后面的一位），用一个值确保传输的数据有偶个或者奇个逻辑高位。例如，如果数据是 011，那么对于偶校验，校验位为 0，保证逻辑高的位数是偶数个。如果是奇校验，校验位为 1，这样就有 3 个逻辑高位。高位和低位不真正地检查数据，简单置位逻辑高或者逻辑低校验。这样使得接收设备能够知道一个位的状态，有机会判断是否有噪声干扰了通信或者是否传输和接收数据是否不同步。

6.1.4.2　通信协议

通信协议是指双方实体完成通信或服务所必须遵循的规则和约定。通过通信信道和设备互连起来的多个不同地理位置的数据通信系统，要使其能协同工作实现信息交换和资源共享，它们之间必须具有共同的语言。交流什么、怎样交流及何时交流，都必须遵循某种互相都能接受的规则，这个规则就是通信协议。

MavLink（micro air vehicle link）是一种用于小型无人载具的通信协议，于 2009 年首次发布。该协议广泛应用于地面站（ground control station，GCS）与无人载具（unmanned vehicles）之间的通信，同时也应用在载具内部子系统的内部通信中，协议以消息库的形式定义了参数传输的规则。MavLink 协议支持无人固定翼飞行器、无人旋翼飞行器、无人车辆等多种载具，是目前开源飞行控制系统 Ardupilot 使用的通信协议。

成都纵横无人机，通信指令协议的数据链对飞控与导航系统与地面站之间的交互是透明的。因此飞控与导航系统通过标准的通信协议 DLI（类似 STANAG4586），对数据链和地面站的合作开发商是开放的，同时也可以方便地与外部 C4I 系统交互。

6.1.4.3　电子地图

电子地图就是利用网络技术、通信技术、地理信息系统（Geographic Information System，GIS）技术实现的一种新地图服务方式。在地面站软件中，通常利用 GIS 的二次开发技术实现地图导航及任务规划的功能，常用的主要有 Map Info 的 Map X、ESRI 公司的 Map Objects、Google 公司的 Google Earth（GE）以及 Gmap. NET 等。

谷歌地球（Google Earth，GE）是一款谷歌公司开发的虚拟地球仪软件，它把卫星照片、航空照相和 GIS 布置在一个地球的三维模型上；GMap. NET 是一个强大、免费、跨平台、开源的 .NET 控件。

其中 YS09 早期地面软件用的即是 MapX 控件，目前最新版采用的地图控件为 GoogleMaps 和 GoogleEarth。Mission Planner 使用的控件为 Gmap. NET（见图 6-15）。DJI（大疆）的 Ground Station 使用的是 GoogleEarth 控件（见图 6-16）。

图 6-15　Gmap. NET 地图控件

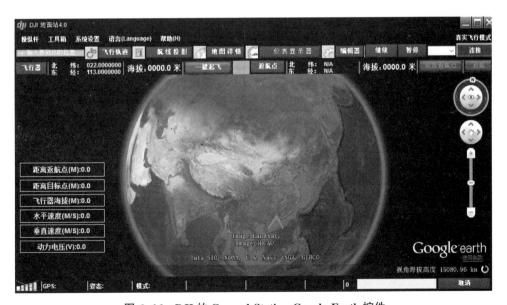

图 6-16　DJI 的 Ground Station Google Earth 控件

通常这些控件除了能支持加载不同类型的地图外，还具有强大的地图操作功能，从而满足地面站软件的需求。

（1）地图操作功能

地图操作功能包含基本功能、编辑功能、选择功能。基本工具包括放大、缩小和拖曳地图等。

（2）图元编辑和处理

在地图中可以创建基本的图元对象，如点、线、折线等。主要用于在航迹规划中绘制航点和航线等图元。

6.2 植保作业仿真

为了适应方便各种地块的作业，植保作业主要分为手动模式、辅助模式（AB 点模式）、自动模式。

（1）设置。打开 App 后，选择任意模式，点击右下方的设置，等待参数的刷新，进行先关的设置。

（2）校准遥控器：如果打开遥控器后，蜂鸣器一直响，需要点击校准遥控器，然后在摇杆和拨轮居中的情况下，点击开始校准，然后将摇杆绕着前后左右方向拨一遍，拨轮要在量程的最大和最小处拨几下，然后点击校准结束。若是校准成功，打开遥控器就可以直接连接飞控，蜂鸣器不会再响了。

（3）设置 home 点：当飞行器通电后，飞行器已经定位，当飞行器被挪动后，需要重新设置 home 点，可以设置当前点为 home 点，或者起飞点为 home 点。

遥控器（见图 6-17）依据使用者的习惯可选择美国手、日本手和中国手。（推荐美国手）仿地雷达打开后，飞行器可以进行地形跟随。关闭后，飞行器对地高度有可能不准。

图 6-17 遥控器

（4）喷洒方式：在自动模式下，飞行器移动时，喷洒自动打开；手动下，喷洒通过 App 或者遥控器手动打开。（此功能虚拟仿真目前无法实现）

（5）模式选择

打开 App 后，可以选择 3 种作业模式，如图 6-18 所示。

图 6-18　作业模式

（6）连接遥控器

打开遥控器，飞行器通电后，在 App 上选择连接，会出现相应遥控器的蓝牙地址，选择连接。如果连接时间过长，请重启遥控器，重启手机蓝牙，重启 App 再次尝试。

（7）手动模式

在手动模式下，飞行器会依据摇杆进行相应的飞行，App 介绍如图 6-19 所示。

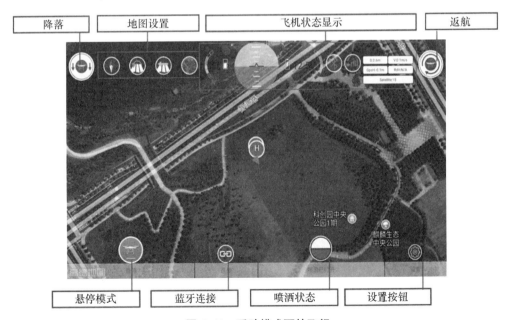

图 6-19　手动模式下的飞行

（8）辅助模式

在辅助作业模式，可以设置 A 点、B 点。遥控器的航向锁定，不可控制。高度、俯仰和滚转可以控制。每次可以设置新的航线，飞机脱离航线可以返回，如图6-20和图6-21所示。

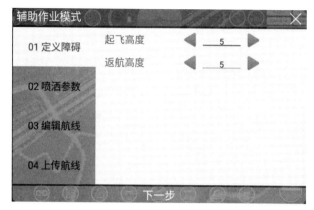

图6-20　辅助作业模式界面一

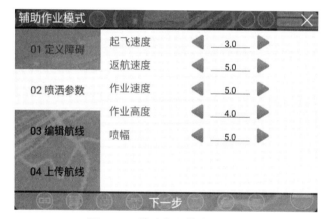

图6-21　辅助作业模式界面二

（9）设置基本参数，然后上传

在App下方，选择解锁，起飞后，飞行器正常起飞，点击进入航线，飞行器首先会飞到A点，推俯仰的摇杆，飞行器会向前。飞如果飞行器的下一条航线在飞行器右面，单击"开始"按钮，遥控器会上传下一条航线。过程如图6-22所示。

（10）自动模式

打开App选择自动模式。

（11）规划方式

规划方式分为航点规划和地块规划，可根据需求进行选择。

使用地面站进行测绘，地图上会显示使用者的移动轨迹，使用者可参考轨迹进行地块规划。（此功能虚拟仿真无法实现）

（12）地块形状

对已经测量完成的地块进行边界的导入。

如需要作业的是矩形，可以实现测量地块4个边界点的经纬度，然后点击添加边界点，对4个边界点进行编辑，然后保存并生成地块，如图6-24~图6-28所示。

第6章 地面站航线规划

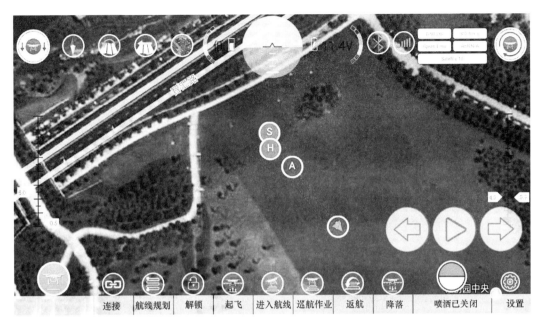

图 6-22 辅助作业模式 App 流程

图 6-23 自动模式 App

图 6-24 规划方式界面

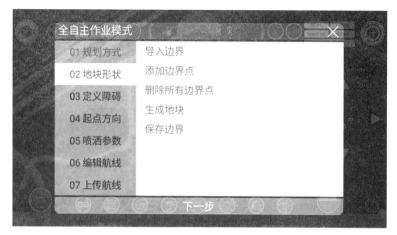

图 6-25 地块形状界面一

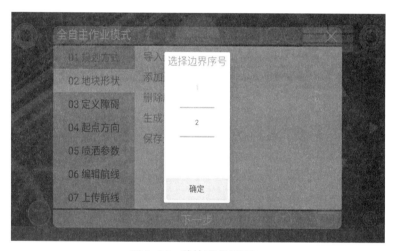

图 6-26 地块形状界面二

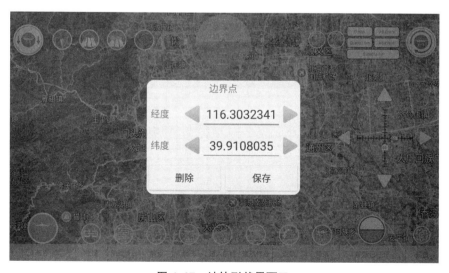

图 6-27 地块形状界面三

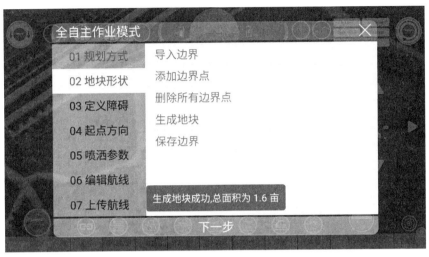

图 6-28 地块形状界面四

(13) 定义障碍

根据需求进行设置（建议起飞高度和返航高度设置为 5 m，安全距离可偏大），如图 6-29 所示。

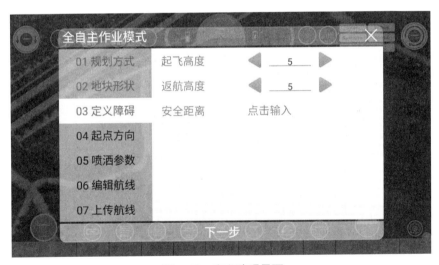

图 6-29 定义障碍界面

①起点方向

根据需求进行选择，如图 6-30 所示。

②喷洒参数

使用者自行调整参数，如图 6-31 所示。

③编辑航线

点击生成航线，并对航线进行保存命名，地面站会自动存储，下次作业时可直接调用，如图 6-32 所示。

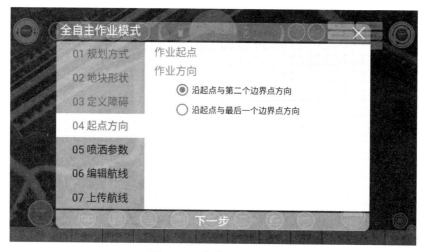

图 6-30　起点方向界面

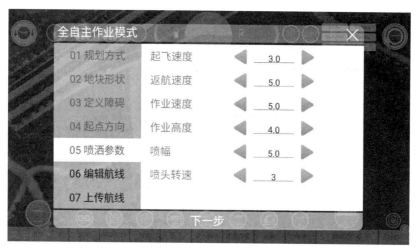

图 6-31　喷洒参数界面

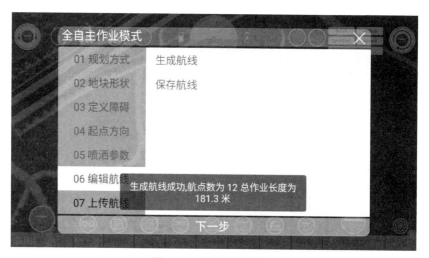

图 6-32　编辑航线界面

④上传航线

上述步骤检查完成后,对航线进行上传,如图 6-33 所示。

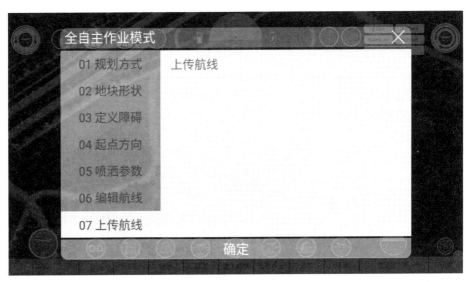

图 6-33 上传航线界面

(14) 高级功能

①断点续喷,在飞行器飞行过程中,如果进行返航(手动返航、没电返航、失控返航、断药返航),App 会记录返航点,在更换电池和药液后,会继续从返航点进行喷洒(此功能无法进行虚拟仿真)。断点如图 6-34 所示。

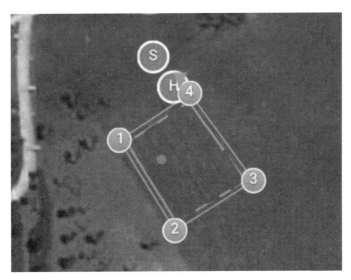

图 6-34 断点

③手动避障,在辅助模式和自动模式中,摇杆可以对飞行器的航线进行干预,避开障碍物。在作业过程中,因突发问题,可以切换至 P 挡(或点击 App 中的悬停按钮),进行手动控制。

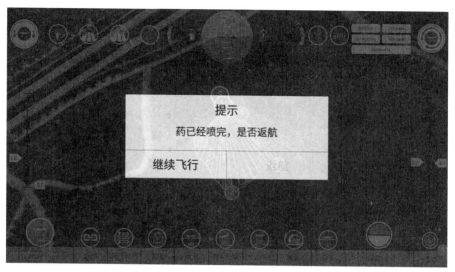

图 6-35　断药

课后习题

一、填空题

1. 无人机地面站涉及了_____、_____、_____以及任务规划等多种技术，主要功能是监控无人机的飞行过程以及任务执行情况，它是一个实时采集并分析遥测数据、不定时发送控制指令、显示飞行状态等功能结合于一体的综合地面站监控系统。

2. 地面站监控系统作为整个无人机系统的指挥中心，主要是为了完成无人机的_____，并在_____中实时显示无人机的位置以及飞行轨迹，完成无人机的_____、_____的实时传输、显示和处理等功能，保证无人机准确安全地飞行，高效执行任务。

3. 便携式地面站以配置了指挥控制与任务规划软件的便携式计算机为主体，利用_____、_____进行数据传输，操作人员通过键盘、鼠标、遥控器等设备完成指令设定与无人机操控。

4. MAVLink（Micro Air Vehicle Link）是一种用于小型无人载具的通信协议，MAVLink协议支持_____、_____、_____等多种载具。

5. 任务规划需要对任务区域_____进行研究，对相应飞行航线进行_____。设置准确的_____是实现无人机任务规划的前提条件，因此在地图导航的基础之上，地面控制站还应具有_____功能。

二、简述题

1. 地面控制站有哪些组成？
2. 地面站监控系统作为整个无人机系统的指挥中心，发挥了哪些功能？
3. 无人机地面控制站有多种形式，都有哪些分类？
4. 对于无人机通信链路使用的频段，我国工信部无线电管理局就无人机专用频段初步制定了哪些规定？
5. 地面站软件系统统所涉及了哪些关键技术？

一、填空题

1. 图像处理、无线传输、远程控制。
2. 任务规划，电子地图，飞行状态数据、视频图像。
3. 无线数传电台或无线网络。
4. 固定翼无人机、旋翼无人机、无人车辆。
5. 地图，标定，航点信息，航点编辑。

二、简述题

1. 地面控制站有地面遥控设备、通信链路硬件、计算机软硬件平台、地面站软件系统组成。

2. 地面站监控系统作为整个无人机系统的指挥中心，发挥了如下功能：

（1）飞行状态的监测与控制。

（2）地图导航与任务规划。

（3）飞行数据的记录与回放。

（4）模拟飞行。

3. 无人机地面控制站有多种形式，按不同的使用要求可分为大型地面站、便携式地面站和掌上微型地面站。

4. 对于通信链路使用的频段，我国工信部无线电管理局初步制定了《无人机系统频率使用事宜》规定，主要有：

（1）840.5~845 MHz 可用于无人机系统的上行遥控链路，其中，841~845 MHz 也可采用时分方式用于无人机系统的上行遥控和下行遥测信息传输链路。

（2）1430~1446 MHz 频段可用于无人机系统下行遥测与信息传输链路，其中 1430~1434 MHz 频段应优先保证警用无人机和直升无人机视频传输使用，必要时 1434~1442 MHz 也可以用于警用直升无人机视频传输。无人机在市区部署时，应使用 1442 MHz 以下频段。

（3）2408~2440 MHz 频段可用于无人机系统下行链路，该无线电台工作时不得对其他合法无线电业务造成影响，也不能寻求无线电干扰保护。

5. 地面站软件系统所涉及的关键技术主要包括串口通信、MAVLink 协议、电子地图。

参考文献

[1] 孙毅. 无人机驾驶员航空知识手册[M]. 北京:中国民航出版社,2014.

[2] 彭建盛. 空心杯四旋翼飞行器设计与应用[M]. 北京:电子工业出版社,2018.

[3] 闫晓东. 飞行器系统仿真实训教程[M]. 西安:西北工业大学出版社,2013.

[4] 杨宇. 无人机模拟飞行及操控技术[M]. 西安:西北工业大学出版社,2019.

[5] 韦加无人机教材编写委员会. 无人机组装与调试[M]. 北京:航空工业出版社,2018.

[6] 钟登华. 可视化仿真技术及其应用[M]. 北京:中国水利水电出版社,2002.

[7] 赫倍峰. 计算机仿真技术[M]. 北京:机械工业出版社,2019.

[8] 黄华. 基于 FlighGear 模拟器的实时可视化飞行仿真系统[J]. 系统仿真学报,2007,19(19):4421-4423.

[9] 薛惠峰. OpenGL 图形程序开发实务[M]. 西安:西北工业大学出版社,2005.

[10] 蔡远利. 低成本飞行器可视化仿真系统的设计与开发[J]. 系统仿真学报,2006,18(9):2501-2504.

[11] OpenGL 体系结构审核委员会. OpenGL 编程指南[M]. 邓郑祥译. 北京:人民邮电出版社,2005.

[12] 禹海全. 对三种常用视景仿真软件的功能比较研究[J]. 计算机仿真,2006,23(2):174-175,188.

[13] 欧阳晋. 平流层验证飞艇的建模与分析[J]. 上海交通大学学报,2003(6):956-960.

[14] 王行仁. 飞行实时仿真系统及技术[M]. 北京:北京航空航天大学出版社,1998.

[15] 白建军. OpenGL 三维图形设计与制作[M]. 北京:人民邮电出版社,1999.

[16] 赵荣丽. 基于 OpenGL 纹理映射技术的纸盒贴图功能的实现方法[J]. 包装工程,2006,27(5):61-63.

[17] 蔡清华. SRTM 与地形图生成 DEM 的地形表达能力对比[J]. 水土保持通报,2009(3):183-187.

[18] 于琰平. 基于 FlightGear 的四旋翼无人机三维可视仿真系统研究[D]. 天津:天津大学,2010.

[19] 郭素芬. 网络环境下的飞行器可视化仿真系统[D]. 西安:西安交通大学,2005.